全国高等院校计算机基础教育研究会

"2016年度计算机基础教学改革课题"立项项目

算法与数据结构

（C语言版）

主编◎邓玉洁

北京邮电大学出版社
www.buptpress.com

内 容 简 介

　　本书主要内容包括绪论、线性表、栈和队列、串、数组、树形结构、图、内部排序、查找。教材中对各类数据结构的分析按照"逻辑结构—存储结构—基本运算的实现—时空性分析—实例"的顺序进行讲述，结构规范，条理清晰。

　　书中给出的程序和算法都是经过仔细筛选的经典内容，便于读者理解和掌握，程序采用 C 语言描述并容易调试通过；每章有重点介绍和总结，总结对重要的知识点进行穿线，每章后针对本章重要知识点配有大量习题。

　　本书可作为高等院校计算机有关专业本科生、专科生教材，也可作为自考成人教育的教材。

图书在版编目（CIP）数据

算法与数据结构：C 语言版 / 邓玉洁主编 . -- 北京：北京邮电大学出版社，2017.8（2018.7重印）
ISBN 978-7-5635-5253-5

Ⅰ.①算… Ⅱ.①邓… Ⅲ.①算法分析－高等学校－教材②数据结构－高等学校－教材③C 语言－程序设计－高等学校－教材　Ⅳ.①TP301.6②TP311.12③TP312.8

中国版本图书馆 CIP 数据核字（2017）第 197095 号

书　　　　名：算法与数据结构（C 语言版）	
著作责任者：邓玉洁　主编	
责 任 编 辑：刘春棠	
出 版 发 行：北京邮电大学出版社	
社　　　　址：北京市海淀区西土城路 10 号（邮编：100876）	
发 行 部：电话：010-62282185　传真：010-62283578	
E-mail：publish@bupt.edu.cn	
经　　　销：各地新华书店	
印　　　刷：北京鑫丰华彩印有限公司	
开　　　本：787 mm×1 092 mm　1/16	
印　　　张：14.5	
字　　　数：355 千字	
版　　　次：2017 年 8 月第 1 版　2018 年 7 月第 3 次印刷	

ISBN 978-7-5635-5253-5　　　　　　　　　　　　　　　　　　　　定　价：29.00 元

· 如有印装质量问题，请与北京邮电大学出版社发行部联系 **·**

前　言

　　本书内容取材以数据结构为主线,算法为辅线。主要内容包括学习数据结构的基础知识、线性表、栈和队列、串、数组、树形结构、图、内部排序、查找。采取3+2+3形式展开,即3种数据结构、2种存储结构、3种基本算法加上查找和排序基本算法。

　　教材书写特点是每一个主题都从一个基本的概念出发,然后再逐渐深入讨论,这样做能使解释更清晰,富有启发性。学习内容由点到面、由浅入深逐渐展开,使教师在教学和学生学习时有规律可循。每一章节既相互关联又相互独立。先介绍逻辑结构,再介绍物理结构,然后讲解算法,给出具体实例。

　　教材侧重应用性,教学内容与应用实例有机融合,符合应用型本科特点;教材中每种数据结构都给出贴近生活的例子,使学生更好地理解和掌握数据结构,达到举一反三的目的。本书可作为高等院校计算机有关专业本科生、专科生教材,也可作为自考成人教育的教材。

　　本书第1章、第7章由邓玉洁编写,第2章由杨丽华编写,第3章由李芳编写,第4章、第5章由陈沛强编写,第6章由段爱玲编写,第8章由于桂玲编写,第9章由吴海燕编写,全书由邓玉洁统稿。其他参编人员还有郑凯梅、祝凯、徐艺枢、李艾静,还要感谢我的同事和我的学生们在撰写过程中提出的宝贵意见。

　　由于编者水平有限,不足之处欢迎各位读者指正。

前　言

（この頁のテキストは非常に薄く、判読困難です。）

目　　录

第1章　数据结构与算法

学习目标

本章将通过对数据结构相关知识的简要介绍,描述数据结构的基本内容和主要概念,作为对本门课程内容的梗概之序。

知识要点

(1) 数据结构是什么。
(2) 数据结构及相关概念。
(3) 算法的基本概念及特性。
(4) 算法的时间复杂度求解。

1.1　学习数据结构

1.1.1　为什么学习数据结构

早期人们把计算机理解为数值计算工具,认为计算机就是用来计算的。可现实中,我们更多的不是解决数值计算问题,而是需要一些更科学有效的手段(如表、树、图等数据结构)的帮助,才能更好地处理问题。所以数据结构是一门研究非数值计算的程序设计问题中的操作对象,以及它们之间关系和操作等相关问题的学科。

在数据处理领域中,建立数学模型有时并不十分重要,事实上,许多实际问题是无法表示成数学模型的。人们最感兴趣的是数据集合中各数据元素之间存在什么关系,应如何组织它。简单地说,数据结构是指相互有关联的数据元素的集合。例如,向量和矩阵就是数据结构,在这两种数据结构中,数据元素之间有着位置上的关系。又如,图书馆中的图书卡片目录就是一个较为复杂的数据结构,对于列在卡片上的各种书,可能在主题、作者等问题上相互关联,甚至一本书本身也有不同的相关成分。数据元素具有广泛的含义。一般来说,现实世界中客观存在的一切个体都可以是数据元素。

数据结构并不是要教你怎样编程,编程语言的精练也不在数据结构的管辖范围之内,数据结构是教你如何在现有程序的基础上把它变得更优(运算更快,占用资源更少),它改变的是程序的存储运算结构而不是程序语言本身。

如果把程序看成一辆汽车,那么程序语言就构成了这辆车的车身和轮胎,而算法则是这辆车的核心——发动机。这辆车跑得是快是慢,关键就在于发动机的好坏(当然轮胎太烂了也不行），而数据结构就是用来改造发动机的。可以这么说，数据结构并不是一门语言，它是一种思想、一种方法、一种思维方式。

再举一个简单的例子，我们要写文章的时候，一定要先构思文章的结构，然后才能下笔去写，写的时候可能用英文，也可能用法文或中文，在这里文章构思的结构就相当于数据结构，而用的语言就是实现数据结构算法的编程语言。可以这样理解，数据结构是思想，实现数据结构算法的语言（如 C 语言）是工具。工具一定是依赖思想存在的，可见数据结构的重要性。

数据结构就是教你怎样用最精简的语言，利用最少的资源（包括时间和空间）编写出最优秀、最合理的程序。

1968 年，美国的高德纳（Donald E. Knuth）教授在其所写的《计算机程序设计艺术》第一卷《基本算法》中，较系统地阐述了数据的逻辑结构和存储结构及其操作，开创了数据结构的课程体系。同年，数据结构作为一门独立的课程，在计算机科学的学位课程中出现。

20 世纪 70 年代初，出现了大型程序，软件也开始相对独立，结构程序设计成为程序设计方法学的主要内容，人们越来越重视数据结构，认为程序设计必须是好的数据结构加上好的算法。

1.1.2　如何学习数据结构

1. "数据结构"课程的地位

"数据结构"课程较系统地介绍了软件设计中常用数据结构以及相应的存储结构和算法，系统介绍了常用的查找和排序技术，并对各种结构与技术进行分析和比较，内容非常丰富。"数据结构"涉及多方面的知识，如计算机硬件范围的存储装置和存取方法，在软件范围中的文件系统、数据的动态管理、信息检索，数学范围的集合、逻辑的知识，还有一些综合性的知识，如数据类型、程序设计方法、数据表示、数据运算、数据存取等，是计算机专业一门重要的专业技术基础课程。

"数据结构"的内容将为"操作系统""数据库原理""编译原理"等后续课程的学习打下良好的基础（如图 1-1 所示），"数据结构"课程不仅讲授数据信息在计算机中的组织和表示方法，同时也训练高效地解决复杂问题程序设计的能力，因此"数据结构"是数学、计算机硬件、计算机软件三者共同的一门核心课程，"数据结构"课程是计算机专业提高软件设计水平的一门关键性课程。

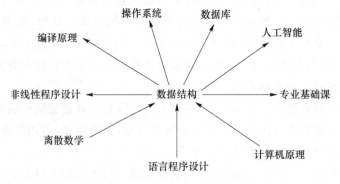

图 1-1　"数据结构"与其他课程的关系

2.“数据结构”课程的学习特点

“数据结构”课程教学目标要求学生学会分析数据对象特征,掌握数据组织方法和计算机的表示方法,以便为应用所涉及数据选择适当的逻辑结构、存储结构及相应算法,初步掌握算法时间空间分析的技巧,培养良好的程序设计技能。

“数据结构”的学习过程是进行复杂程序设计训练的过程。技能培养的重要程度不亚于知识传授。数据结构从某种意义上说,是程序设计的后继课程。如同学习英语一样,学习英语不难,学好英语不易,要提高程序设计水平必须经过艰苦的磨炼。因此,学习数据结构,仅从书本上学习是不够的,必须经过大量的实践,在实践中体会构造性思维方法,掌握数据组织与程序设计的技术。

3.“数据结构”课程的学习方法

在学习数据结构的时候,采用“323”模式来学习,脉络会非常清楚。所谓“323”指的是 3 种数据结构、2 种存储方法、3 种重要算法。3 种数据结构即线性结构、树结构、图结构;2 种存储方法即顺序存储和链式存储;3 种重要算法即查找、插入、删除,如图 1-2 所示。

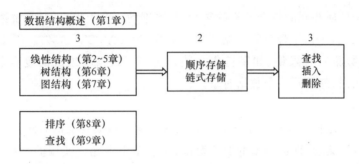

图 1-2　数据结构模式

我们可以参看书中目录,脉络就会非常清晰。第 1 章即数据结构基本概念的介绍,第 2～5 章线性结构、第 6 章树、第 7 章图是重点章节,第 8 章和第 9 章排序和查找是重要的数据运算技术,也是非常重要的。

1.2　基本概念和术语

1.2.1　基本概念

1.数据

数据是描述客观事物的数值、字符以及能输入机器且能被处理的各种符号的集合。换句话说,数据是对客观事物采用计算机能够识别、存储和处理的形式所进行的描述。简言之,数据就是计算机化的信息。数据不仅包括整型、实型等数值类型,还包括字符、声音、图像、视频等非数值类型。

例如,对 C 源程序,数据不仅仅是源程序所处理的数据。相对于编译程序来说,C 编译程序相对于源程序是一个处理程序,它加工的数据是字符流的源程序(.c),输出的结果是目标程序(.obj);对于链接程序来说,它加工的数据是目标程序(.obj),输出的结果是可执行程序(.exe)。

2. 数据元素

数据元素是组成数据的、有一定意义的基本单位，是数据集合的个体，在计算机中通常作为一个整体进行考虑和处理。一组数据元素可由一个或多个数据项(data item)组成，数据项是有独立含义的最小单位，此时的数据元素通常称为记录(record)。

例如，学生登记表是数据，每一个学生的记录就是一个数据元素。

3. 数据项

一个数据元素可由若干个数据项组成。比如学生登记表中的学号、姓名、出生日期都是数据元素的数据项。

数据项是数据不可分割的最小单位。在"数据结构"课程中，数据项是最小单位，有助于我们更好地解决问题，但真正讨论问题时，数据元素才是数据结构中建立数据模型的着眼点。

4. 数据对象

数据对象是性质相同的数据元素的集合，是数据的一个子集。例如，整数数据对象是集合 $N=\{0,\pm 1,\pm 2,\cdots\}$，字母字符数据对象是集合 $C=\{'A','B',\cdots,'Z'\}$。不论数据元素集合是无限集(如整数集)、有限集(如字符集)，还是由多个数据项组成的复合数据元(如学籍表)，只要性质相同，都是同一个数据对象。

5. 数据类型

数据类型是一组性质相同的值集合以及定义在这个值集合上的一组操作的总称。数据类型中定义了两个集合，即该类型的取值范围，该类型中可允许使用的一组运算。例如，高级语言中的数据类型就是已经实现的数据结构的实例。从这个意义上讲，数据类型是高级语言中允许的变量种类，是程序语言中已经实现的数据结构(即程序中允许出现的数据形式)在高级语言中的整型类型，则它可能的取值范围是 $-32\,768\sim +32\,767$，可用的运算符集合为加、减、乘、除、乘方、取模(如 C 语言中＋、－、＊、／、％)。

6. 数据结构

数据结构是指相互之间存在一种或多种特定关系的数据元素集合，是带有结构的数据元素的集合，它指的是数据元素之间的相互关系，即数据的组织形式。由此可见，计算机所处理的数据并不是数据的杂乱堆积，而是具有内在联系的数据集合。我们关心的是数据元素之间的相互关系与组织方式，及其施加运算及运算规则，并不涉及数据元素内容具体是什么值。

数据结构定义中提到了一种或多种特定关系，具体是什么关系呢，这正是我们下面要讨论的问题。

1.2.2 逻辑结构和存储结构

在上一小节中已给出数据结构的概念，数据结构是指相互之间存在一种或多种特定关系的数据元素集合。这个描述是一种非常简单的解释。数据元素间的相互关系具体应包括三个方面：数据的逻辑结构、数据的物理结构、数据的运算集合。

1. 逻辑结构

数据的逻辑结构是指数据元素之间逻辑关系的描述。数据结构的形式定义为：数据结构是一个二元组 Data_Structure＝(D,R)，其中 D 是数据元素的有限集，R 是 D 上关系的有限集。

根据数据元素之间关系的不同特性，通常有下列四类基本的结构。

（1）集合结构

结构中的数据元素之间除了同属于一个集合的关系外，无任何其他关系。各个数据元素是"平等"的，它们的共同属性是"同属于一个集合"，类似于数学中的集合，如图 1-3 所示。

（2）线性结构

结构中的数据元素之间存在着一对一的线性关系，如图 1-4 所示。

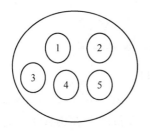

图 1-3　集合结构

图 1-4　线性结构

（3）树形结构

结构中的数据元素之间存在着一对多的层次关系，如图 1-5 所示。

（4）图状结构

结构中的数据元素之间存在着多对多的任意关系，如图 1-6 所示。

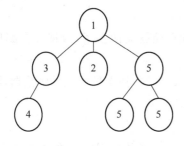

图 1-5　树形结构

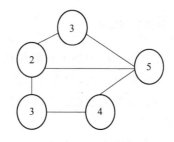

图 1-6　图状结构

如果一个数据结构不是线性结构，可称为非线性结构。显然，在非线性结构中，各数据元素之间的前后继关系要比线性结构复杂，因此，对非线性结构的存储与处理比线性结构要复杂得多。线性结构与非线性结构都可以是空的数据结构。一个空的数据结构究竟是属于线性结构还是属于非线性结构，这要根据具体情况来确定。如果对该数据结构的运算是按线性结构的规则来处理的，则属于线性结构；否则属于非线性结构。

2. 存储结构

存储结构（又称物理结构）是逻辑结构在计算机中的存储映像，是逻辑结构在计算机中的实现，它包括数据元素的表示和关系的表示。

数据的逻辑结构在计算机存储空间中的存放形式称为数据的存储结构（也称数据的物理结构）。由于数据元素在计算机存储空间中的位置关系可能与逻辑关系不同，因此，为了表示存放在计算机存储空间中的各数据元素之间的逻辑关系（即前后继关系），在数据的存储结构中，不仅要存放各数据元素的信息，还需要存放各数据元素之间前后继关系的信息。

逻辑结构与存储结构的关系为：存储结构是逻辑关系的映像与元素本身映像。逻辑结构是抽象，存储结构是实现，两者综合起来建立了数据元素之间的结构关系。

数据元素存储结构形式有两种：顺序存储和链式存储。

（1）顺序存储结构

顺序存储结构是把数据元素存放在地址连续的存储单元里，其数据间的逻辑关系和物理关系是一致的，如图 1-7 所示。

图 1-7　顺序存储结构

顺序存储就排队按顺序站好，每个人占一小段空间。在学习 C 语言时，数组就是这样的顺序存储结构。要建立一个 8 个整型元素的数组，计算机就会在内存中开辟一段连续的能存储 8 个整型数据的空间，数组一个一个存放到空间里。

（2）链式存储结构

链式存储结构是把数据元素放在任意的存储单元里，这组存储单元可以是连续的，

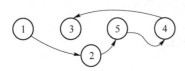

图 1-8　链式存储结构

也可以是不连续的。数据元素的存储关系并不能反映其逻辑关系，因此需要用一个指针存放数据元素的地址，这样通过地址就可以找相关联的数据元素的位置，如图 1-8 所示。

显然，链式存储就灵活多了，数据存在哪里不重要，只要有一个指针存放了相应的地址就能找到它。

逻辑结构是面向问题的，物理结构是面向计算机的，基本目标就是将数据及其逻辑关系存储到计算机中。存好之后做什么呢，就是运算。

3. 数据的运算

数据的存储不同决定了运算不同。通常，一个数据结构中的元素结点可能是在动态变化的。根据需要或在处理过程中，可以在一个数据结构中增加一个新结点，也可以删除数据结构中的某个结点（称为删除运算）。插入与删除是对数据结构的两种基本运算。除此之外，对数据结构的运算还有查找、分类、合并、分解、复制和修改等。在对数据结构的处理过程中，不仅数据结构中的结点（即数据元素）个数在动态地变化，而且各数据元素之间的关系也有可能在动态地变化。

如果在一个数据结构中一个数据元素都没有，则称该数据结构为空的数据结构。在一个空的数据结构中插入一个新的元素后就变为非空；在只有一个数据元素的数据结构中，将该元素删除后就变为空的数据结构。

1.3　算　法

数据结构与算法之间存在本质联系,在某一类型数据结构上,总要涉及其上施加的运算,只有通过对定义运算的研究,才能清楚理解数据结构的定义和作用;在涉及运算时,总要联系到该算法处理的对象和结果的数据。

在本门课程中,我们将遇到大量的算法问题,因为算法联系着数据在计算过程中的组织方式,为了描述实现某种操作,常常需要设计算法,因而,算法是研究数据结构的重要途径。

现在我们来写一个小程序,求 $1+2+3+\cdots+100$ 结果的程序,大多数人马上会写出下面的 C 语言代码:

```
int i,sum = 0,n = 100;
for(i = 1;i <= n;i ++)
    {
sum = sum + i;
}
        printf(" % d",sum);
```

这是最简单的计算机程序之一,它就是一种算法,问题在于这个算法是不是真的好呢?是不是高效呢?让我们看下面一个例子,高斯求 $1+2+3+\cdots+100$ 方法:

```
sum = 1 + 2 + 3 + ⋯ + 100
sum = 100 + 99 + 98 + ⋯ + 1
2 * sum = 101 + 101 + 101 + ⋯ + 101
```

共 100 个 101,所以 sum＝1 050,用程序来实现如下:

```
int i,sum = 0,n = 100;
sum = (1 + n) * n/2;
printf(" % d",sum);
```

这个方法要比刚刚的方法快得多,不仅可以用于 1 加到 100,就是加到 1 000、10 000,也是瞬间之事。如果用刚才的程序,计算机要循环 1 000 次、10 000 次的加法运算。可见人脑比计算机快得多,似乎成为现实。

1.3.1　算法的定义

算法(algorithm)是一组有穷的规则,它们规定了解决某一特定类型问题的一系列运算,是对解题方案的准确与完整的描述。

算法是解题的步骤,可以把算法定义成解一确定类问题的任意一种特殊的方法。在计算机科学中,算法要用计算机算法语言描述,算法代表用计算机解一类问题的精确、有效的方法。算法＋数据结构＝程序,求解一个给定的可计算或可解的问题,不同的人可以编写出不同的程序,来解决同一个问题,这里存在两个问题:一是与计算方法密切相关的算法问题;二是程序设计的技术问题。算法和程序之间存在密切的关系。

1.3.2　算法的特性

作为一个算法，一般应具有以下几个基本特征。

1. 确定性

算法的每一种运算必须有确定的意义，该种运算应执行何种动作应无二义性，目的明确；这一性质反映了算法与数学公式的明显差别。在解决实际问题时，可能会出现这样的情况：针对某种特殊问题，数学公式是正确的，但按此数学公式设计的计算过程可能会使计算机系统无所适从，这是因为根据数学公式设计的计算过程只考虑了正常使用的情况，而当出现异常情况时，此计算过程就不能适应了。

2. 可行性

要求算法中有待实现的运算都是基本的，每种运算至少在原理上能由人用纸和笔在有限的时间内完成；针对实际问题设计的算法，人们总是希望能够得到满意的结果。但一个算法又总是在某个特定的计算工具上执行的，因此，算法在执行过程中往往要受到计算工具的限制，使执行结果产生偏差。

3. 输入

一个算法有 1 个或多个输入，在算法运算开始之前给出算法所需数据的初值，这些输入取自特定的对象集合。

4. 输出

作为算法运算的结果，一个算法产生一个或多个输出，输出是同输入有某种特定关系的量。

5. 有穷性

一个算法总是在执行了有穷步的运算后终止，即该算法是可达的。数学中的无穷级数，在实际计算时只能取有限项，即计算无穷级数值的过程只能是有穷的。因此，一个数的无穷级数表示只是一个计算公式，而根据精度要求确定的计算过程才是有穷的算法。算法的有穷性还应包括合理的执行时间的含义。因为如果一个算法需要执行千万年，显然失去了实用价值。

满足前四个特性的一组规则不能称为算法，只能称为计算过程，操作系统是计算过程的一个例子。在一个算法中，有些指令可能是重复执行的，因此指令的执行次数可能是远远大于算法中的指令条数。由有穷性可知，对于任何输入，一个算法在执行了有限条指令后一定要终止并且必须在有限的时间内完成，因此，一个程序如果对任何输入都不会陷入无限循环，即是有穷的，则它就是一个算法。

1.3.3　算法效率度量方法

一种数据结构的优劣是由实现其各种运算的算法具体体现的，对数据结构的分析实质上就是对实现运算算法的分析，除了要验证算法是否正确解决该问题外，需要对算法的效率作性能评价。

性能评价分正确性、可读性、健壮性、高效率与低存储量需求几个方面。

在计算机程序设计中，对算法分析是十分重要的。通常对于一个实际问题的解决，可以提出若干个算法，那么如何从这些可行的算法中找出最有效的算法呢？或者有了一个解决实际问题的算法,我们如何来评价它的好坏? 这些问题需要通过算法分析来确定。因此算法分析是每个程序设计人员应该掌握的技术。

　　评价算法的标准很多,评价一个算法主要看这个算法所占用机器资源的多少,而这些资源中时间代价与空间代价是两个主要的方面,通常是以算法执行所需的机器时间和所占用的存储空间来判断一个算法的优劣。

　　1. 关于算法执行时间

　　一个算法的执行时间大致上等于其所有语句执行时间的总和,语句的执行时间是指该条语句的执行次数和执行一次所需时间的乘积。

　　由于语句的执行要由源程序经编译程序翻译成目标代码,目标代码经装配再执行,语句执行一次实际所需的具体时间与机器的软、硬件环境(机器速度、编译程序质量、输入数据量等)密切相关,所以所谓的算法分析不是针对实际执行时间的精确计算,而是针对算法中语句的执行次数作出估计,从中得到算法执行时间的信息。

　　2. 算法的空间复杂度

　　算法的空间复杂度一般是指执行这个算法所需要的内存空间。

　　一个算法所占用的存储空间包括算法程序所占的空间、输入的初始数据所占的存储空间以及算法执行过程中所需要的额外空间。其中额外空间包括算法程序执行过程中的工作单元以及某种数据结构所需要的附加存储空间(例如,在链式结构中,除了要存储数据本身外,还需要存储链接信息)。如果额外空间量相对于问题规模来说是常数,则称该算法是原地工作的。在许多实际问题中,为了减少算法所占的存储空间,通常采用压缩存储技术,以便尽量减少不必要的额外空间。下面主要讨论时间复杂度。

1.3.4　算法的时间复杂度

　　在进行算法分析时,语句总的执行次数 $T(n)$ 是关于问题规模 n 的函数,进而分析 $T(n)$ 随 n 的变化情况并确定 $T(n)$ 的数量级。算法的时间复杂度,也就是算法的时间量度,记作:$T(n)=O(f(n))$。它表示随问题规模 n 的增大,算法执行时间的增长率和 $f(n)$ 的增长率相同,称作算法的渐近时间复杂度,简称为时间复杂度。其中 $f(n)$ 是问题规模 n 的某个函数。

　　这种用大写 $O(\ )$ 来体现算法时间复杂度的记法,我们称为大 O 记法。一般情况下,随着 n 的增大,$T(n)$ 增长最慢的算法为最优算法。

　　那么如何分析一个算法的时间复杂度,即如何推导大 O 阶呢? 我们给出了下面的推导方法推导大 O 阶:

　　(1) 用常数 1 取代运行时间中的所有加法常数。

　　(2) 在修改后的运行次数函数中,只保留最高阶项。

　　(3) 如果最高阶项存在且不是 1,则去除与这个项相乘的常数。

　　得到的结果就是大 O 阶。

　　仿佛是得到了游戏攻略一样,我们好像已经得到了一个推导算法时间复杂度的万能公式。可事实上,分析一个算法的时间复杂度没有这么简单,我们还需要多看几个例子。

　　1. 常数阶

　　首先看顺序结构的时间复杂度。下面这个算法,也就是上文的第二种算法,为什么时间

复杂度不是 $O(3)$，而是 $O(1)$？

```
int sum = 0,n = 100;        /* 执行一次 */
sum = (1 + n) * n/2;        /* 执行一次 */
printf(" % d",sum);         /* 执行一次 */
```

这个算法的运行次数函数是 $f(n)=3$。根据我们推导大 O 阶的方法，第一步就是把常数项 3 改为 1。在保留最高阶项时发现，它根本没有最高阶项，所以这个算法的时间复杂度为 $O(1)$。另外，我们试想一下，如果这个算法当中的语句 sum＝(1＋n)＊n/2 有 10 句，即

```
int sum = 0,n = 100;        /* 执行一次 */
sum = (1 + n) * n/2;        /* 执行第 1 次 */
sum = (1 + n) * n/2;        /* 执行第 2 次 */
sum = (1 + n) * n/2;        /* 执行第 3 次 */
sum = (1 + n) * n/2;        /* 执行第 4 次 */
sum = (1 + n) * n/2;        /* 执行第 5 次 */
sum = (1 + n) * n/2;        /* 执行第 6 次 */
sum = (1 + n) * n/2;        /* 执行第 7 次 */
sum = (1 + n) * n/2;        /* 执行第 8 次 */
sum = (1 + n) * n/2;        /* 执行第 9 次 */
sum = (1 + n) * n/2;        /* 执行第 10 次 */
printf(" % d",sum);         /* 执行一次 */
```

事实上无论 n 为多少，上面的两段代码就是 3 次和 12 次执行的差异，这种与问题的大小（n 的多少）无关，执行时间恒定的算法，我们称为具有 $O(1)$ 的时间复杂度，又叫常数阶。

注意：不管这个常数多少，我们都记作 $O(1)$，而不能是 $O(3)$、$O(12)$ 等其他任何数字。这是初学者常常犯的错误。

对于分支结构而言，无论是真，还是假，执行的次数都是恒定的，不会随着 n 的变大而发生变化，所以单纯的分支结构（不包含在循环结构中），其时间复杂度也是 $O(1)$。

2. 线性阶

循环结构就会复杂很多。要确定某个算法的阶次，我们常常需要确定某个特定语句或某个语句集运行的次数。因此，我们要分析算法的复杂度，关键就是要分析循环结构的运行情况。

下面这段代码，它的循环的时间复杂度为 $O(n)$，因为循环体中的代码须要执行 n 次。

```
int i,sum = 1;
for(i = 0; i < n;  i ++)
{
    sum = sum + i;     /* 时间复杂度为 O(1)的程序步骤序列 */
}
```

3. 对数阶

那么下面的这段代码,时间复杂度又是多少呢?

```
int count = 1;
while(count < n)
{
    count = count * 2;    /*时间复杂度为O(1)的程序步骤序列*/
}
```

由于每次 count 乘以 2 之后,就距离 n 更近了。也就是说,count 是多个 2 相乘的结果,当 count 大于 n 时,则会退出循环。由此可得 $2^x = n$,推导出 $x = \log_2 n$。所以这个循环的时间复杂度为 $O(\log_2 n)$。

4. 平方阶

下面的例子是一个循环嵌套,它的内循环刚才我们已经分析过,时间复杂度为 $O(n)$。

```
int i,j;
for(i = 0; i < n; i++)
{
    for (j = 0; j < n;j++)
    {
        /*时间复杂度为O(1)的程序步骤序列*/
    }
}
```

而对于外层的循环,不过是内部这个时间复杂度为 $O(n)$ 的语句再循环 n 次。所以这段代码的时间复杂度为 $O(n^2)$。

如果外循环的循环次数改为 m,时间复杂度就变为 $O(m \times n)$。

```
int i,j;
for (i = 0; i < m; i++)
{
    for (j = 0; j < n; j++)
    {
        /*时间复杂度为O(1)的程序步骤序列*/
    }
}
```

所以我们可以总结得出,循环的时间复杂度等于循环体的复杂度乘以该循环运行的次数。那么下面这个循环嵌套,它的时间复杂度是多少呢?

```
int i,j;
for(i = 0; i < n; i++)
{
for (j = i; j < n; j++)    /*注意 int j = i 而不是 0*/
    {
        /*时间复杂度为O(1)的程序步骤序列*/
    }
}
```

由于当 $i=0$ 时，内循环执行了 n 次，当 $i=1$ 时，执行了 $n-1$ 次……当 $i=n-1$ 时，内循环执行了 1 次。所以总的执行次数为

$$n+(n-1)+(n-2)+\cdots+1=\frac{n(n+1)}{2}=\frac{n^2}{2}+\frac{n}{2}$$

用我们推导大 O 阶的方法，第一条，没有加法常数不予考虑；第二条，只保留最高阶项，因此保留 $n^2/2$；第三条，去除这个项相乘的常数，也就是去除 $1/2$，最终这段代码的时间复杂度为 $O(n^2)$。

从这个例子我们也可以得到一个经验，其实理解大 O 推导不算难，难的是对数列的一些相关运算，这更多的是考查你的数学知识和能力。

算法中基本操作重复执行的次数还随问题的输入数据集的不同而不同。例如，下面是冒泡排序算法：

```c
void bubble(int a[],int length)
{/* 对整数数组 a 递增排序 */
    int i = 0,j,temp;
    int change ;
    do{
            change = false;
            for(j=1;j<length-i;j++)
                    if (a[j]>a[j+1])
             {
        temp = a[j];
        a[j] = a[j+1];
        a[j+1] = temp;
        change = true;
             }
            i = i+1;
    }
    while(i<length || change == true)
}
```

在这个算法中，"交换序列中相邻的两个整数"为基本操作。当 a 中初始序列为自小到大有序时，n 为 length，基本操作的执行次数为 0；当初始序列为自大到小有序时，基本操作的执行次数为 $n(n-1)/2$。对于这类算法的分析，一种解决方法是计算它的平均值，即考虑它对所有可能输入数据集的期望值，此时相应的时间复杂度为算法的平均时间复杂度。然而在很多情况下，算法的平均时间复杂度也难以确定。因此，我们可以讨论算法在最坏情况下的时间复杂度，即分析最坏情况以估计出算法执行时间的上界。例如，冒泡排序在最坏情况下的时间复杂度就为 $T(n)=O(n^2)$。在本书中，如不做特殊说明，所讨论的各算法的时间复杂度均指最坏情况下的时间复杂度。

按时间复杂度由小到大递增排列如图 1-9 所示。

常数阶	对数阶	线性阶	线性对数阶	平方阶	立方阶	…	k 次方阶	指数阶
$O(1)$	$O(\log_2 n)$	$O(n)$	$O(n\log_2 n)$	$O(n^2)$	$O(n^3)$		$O(n^k)$	$O(2^n)$

复杂度高 ——————————————————————————→ 复杂度低

图 1-9　时间复杂度

数据结构中常用的时间复杂度频率计数有：$O(1)$常数阶、$O(n)$线性阶、$O(n^2)$平方阶、$O(\log_2 n)$对数阶、$O(n\log_2 n)$阶等。其他一些过小或过大的复杂度都会使结果变得不现实，一般我们都不考虑。

本 章 小 结

本章主要介绍什么是数据结构及数据结构的相关概念。数据结构是指相互之间存在一种或多种特定关系的数据元素集合。在学习数据结构的时候，采用"323"模式来学习，即 3 种数据结构、2 种存储方法、3 种重要算法。3 种数据结构即线性结构、树结构、图结构；2 种存储方法即顺序存储和链式存储；3 种重要算法即查找、插入、删除。

算法是一组有穷的规则，它们规定了解决某一特定类型问题的一系列运算，是对解题方案的准确与完整的描述，算法具有五个重要的特性：有穷性、确定性、可行性、输入、输出。

衡量算法好坏的标准：算法的时间复杂度和空间复杂度。算法的时间复杂度是指算法执行所需要的时间，是对算法中语句执行次数的估计；算法的空间复杂度一般是指执行这个算法所需要的内存空间。

练 习 题

一、选择题

1. 数据结构是一门非数值计算的程序设计问题中计算机的(　　　)以及它们之间的(　　　)和运算等的学科。

① A. 数据元素　　　　B. 计算方法　　　　C. 逻辑存储　　　　D. 数据映像

② A. 结构　　　　　　B. 关系　　　　　　C. 运算　　　　　　D. 算法

2. 在数据结构中，从逻辑上可以把数据结构分为(　　　)。

A. 动态结构和静态结构　　　　　　　　B. 紧凑结构和非紧凑结构

C. 线性结构和非线性结构　　　　　　　D. 内部结构和外部结构

3. 数据结构在计算机内存中的表示是指(　　　)。

A. 数据的存储结构　　　　　　　　　　B. 数据结构

C. 数据的逻辑结构　　　　　　　　　　D. 数据元素之间的关系

4. 在数据结构中，与所使用的计算机无关的是数据的(　　　)结构。

A. 逻辑　　　　　　B. 存储　　　　　　C. 逻辑和存储　　　　D. 物理

5. 算法分析的目的是(　　　)，算法分析的两个主要方面是(　　　)。

①A. 找出数据结构的合理性　　　　　　B. 研究算法中输入与输出的关系

　C. 分析算法效率以求改进　　　　　　D. 分析算法的易懂性和文档性

②A. 空间复杂度和时间复杂度　　　　　B. 正确性和简明性

　C. 可读性和文档性　　　　　　　　　D 数据复杂性和程序复杂性

6. 计算机算法是指（　　），它必须具备输入、输出和（　　）5个特性。

①A. 计算方法　　　　　　　　　　　　B. 排序方法

　C. 解决问题的有限运算序列　　　　　D. 调度方法

②A. 可行性、可移植性和可扩充性　　　B. 可行性、确定性和有穷性

　C. 确定性、有穷性和稳定性　　　　　D. 易读性、稳定性和安全性

7. 在以下的叙述中，正确的是（　　）。

A. 线性表和线性存储结构优于链表存储结构

B. 二维数组是其数据元素为线性表的线性表

C. 栈的操作方式是先进先出

D. 队列的操作方式是先进后出

8. 通常要求同一逻辑结构中所有数据元素具有相同的特性，这意味着（　　）。

A. 数据元素具有同一特点

B. 不仅数据元素所包含的数据项个数要相同，而且对应的数据项类型要一致

C. 每个数据元素都一样

D. 数据元素所包含的数据项的个数要相等

9. 以下说法正确的是（　　）。

A. 数据元素是数据的最小单位

B. 数据项是数据的基本单位

C. 数据结构是带结构的各数据项的集合

D. 一些表面上很不相同的数据可以有相同的逻辑结构

二、填空题

1. 数据的物理结构包括＿＿＿＿＿＿＿＿的表示和＿＿＿＿＿＿＿＿的表示。

2. 对于给定的 n 个元素，可以构造出的逻辑结构有＿＿＿＿、＿＿＿＿、＿＿＿＿和＿＿＿＿四种。

3. 数据的逻辑结构是指＿＿＿＿＿＿＿＿＿＿＿＿＿＿＿＿＿＿＿＿。

4. 一个数据结构在计算机中＿＿＿＿＿＿＿＿称为存储结构。

5. 抽象数据类型的定义仅取决于它的一组＿＿＿＿＿＿，而与＿＿＿＿＿＿无关，即不论其内部结构如何变化，只要它的＿＿＿＿＿＿不变，都不影响其外部使用。

6. 数据结构中评价算法的两个重要指标是＿＿＿＿＿＿＿＿＿＿＿＿＿＿＿。

7. 数据结构是研讨数据的＿＿＿＿＿＿和＿＿＿＿＿＿，以及它们之间的相互关系，并对与这种结构定义相应的＿＿＿＿＿＿，设计出相应的＿＿＿＿＿＿。

8. 一个算法具有5个特性：＿＿＿＿、＿＿＿＿、＿＿＿＿、＿＿＿＿、＿＿＿＿。

9. 下面程序段中带下划线的语句的执行次数的数量级是：＿＿＿＿＿＿。

```
i = 1; While i < n  i = i * 2;
```

10. 下面程序段($n>1$)的时间复杂度为_____。

```
sum = 1;
for (i = 0;sum < n;i ++ ) sum + = 1;
```

三、设计与分析题

1. 下面程序段的时间复杂度是(　　　　　　　　)。

```
for  (i = 0;i < n;i ++ )
   for (j = 0;j < m;j ++ )
       A[i][j] = 0;
```

2. 下面程序段的时间复杂度是(　　　　　　　　)。

```
i = s = 0;
while  (s < n)
{
 i ++ ;          //i = i + 1
 s += i;         //s = s + i
}
```

3. 下面程序段的时间复杂度是(　　　　　　　　)。

```
s = 0;
for (i = 0;i < n;i ++ )
    for   (j + 0;j < n;j ++ )
    s += B[i][j];
sum = s
```

4. 下面程序段的时间复杂度是(　　　　　　　　)。

```
i = 1
while(i < n)
i = i * 3;
```

5. 有如下递归函数 fact(n),分析其时间复杂度。

```
fact(int n)
{  if  (n < 1)
     return 1;
   else
     return (n * fact(n - 1))
}
```

第2章 线 性 表

学习目标

线性结构的特点是:在数据元素的非空有限集中,(1) 存在唯一的一个被称作"第一个"的数据元素;(2) 存在唯一的一个被称作"最后一个"的数据元素;(3) 除第一个外,集合中的每个数据元素均只有一个前驱;(4) 除最后一个外,集合中每个数据元素均只有一个后继。通过本章学习掌握线性表的逻辑结构及基本操作,顺序存储结构和链式存储结构,以及基本操作算法的设计,静态链表的存储结构,循环链表、双向链表元素的插入、删除,线性表的应用。

知识要点

(1) 线性表的定义和基本操作。
(2) 线性表的顺序存储结构。
(3) 线性表的链式存储结构。
(4) 循环链表、线性表的应用举例。

2.1 线性表及其逻辑结构

2.1.1 线性表的定义

线性表是一种线性结构。线性结构的特点是数据元素之间是一种线性关系,数据元素"一个接一个的排列"。在一个线性表中数据元素的类型是相同的,或者说线性表是由同一类型的数据元素构成的线性结构。在实际问题中线性表的例子是很多的,如学生情况信息表是一个线性表,表中数据元素的类型为学生类型;一个字符串也是一个线性表:表中数据元素的类型为字符型,等等。

综上所述,线性表定义如下:

线性表是具有相同数据类型的 $n(n \geqslant 0)$ 个类型相同的数据元素组成的有限序列。至于每个数据元素的具体含义,在不同的情况下各不相同,它可以是一个数或一个符号,也可以是一页书,甚至其他更复杂的信息。

线性表通常记为:$(a_1, \cdots, a_{i-1}, a_i, a_{i+1}, \cdots, a_n)$,其中 n 为表长, $n=0$ 时称为空表。

表中相邻元素之间存在着顺序关系, a_{i-1} 领先于 a_i, a_i 领先于 a_{i+1},称 a_{i-1} 是 a_i 的直接前驱元素, a_{i+1} 是 a_i 的直接后继元素。当 $i=1,2,\cdots,n-1$ 时, a_i 有且仅有一个直接后继;当 $i=2,3,\cdots,n$ 时, a_i 有且仅有一个直接前驱 a_{i-1};当 $i=1,2,\cdots,n-1$ 时,有且仅有一个直接后继

a_{i+1},而 a_1 是表中第一个元素,它没有前趋,a_n 是最后一个元素,无后继。

线性表是一个相当灵活的数据结构,它的长度可以根据需要增长或缩短,即对线性表的数据元素不仅可以进行访问,还可以进行插入和删除等。

2.1.2 线性表的基本运算

数据结构的运算是定义在逻辑结构层次上的,而运算的具体实现是建立在存储结构上的,因此下面定义的线性表的基本运算作为逻辑结构的一部分,每一个操作的具体实现只有在确定了线性表的存储结构之后才能完成。

线性表上的基本操作如下。

(1) 线性表初始化:Init_List(L)。

初始条件:表 L 不存在。

操作结果:构造一个空的线性表。

(2) 求线性表的长度:Length_List(L)。

初始条件:表 L 存在。

操作结果:返回线性表中所含元素的个数。

(3) 取表元:Get_List(L,i)。

初始条件:表 L 存在且 $1 \leqslant i \leqslant$ Length_List(L)。

操作结果:返回线性表 L 中第 i 个元素的值或地址。

(4) 按值查找:Locate_List(L,x),x 是给定的一个数据元素。

初始条件:线性表 L 存在。

操作结果:在表 L 中查找值为 x 的数据元素,其结果返回在 L 中首次出现的值为 x 的那个元素的序号或地址,称为查找成功;否则,在 L 中未找到值为 x 的数据元素,返回一特殊值表示查找失败。

(5) 插入操作:Insert_List(L,i,x)。

初始条件:线性表 L 存在,插入位置正确($1 \leqslant i \leqslant n+1$,$n$ 为插入前的表长)。

操作结果:在线性表 L 的第 i 个位置上插入一个值为 x 的新元素,这样使原序号为 $i,i+1,\cdots,n$ 的数据元素的序号变为 $i+1,i+2,\cdots,n+1$,插入后表长=原表长+1。

(6) 删除操作:Delete_List(L,i)。

初始条件:线性表 L 存在,$1 \leqslant i \leqslant n$。

操作结果:在线性表 L 中删除序号为 i 的数据元素,删除后使序号为 $i+1,i+2,\cdots,n$ 的元素变为序号为 $i,i+1,\cdots,n-1$,新表长=原表长-1。

需要说明以下几点。

(1) 某数据结构上的基本运算不是它的全部运算,而是一些常用的基本的运算,而每一个基本运算在实现时也可能根据不同的存储结构派生出一系列相关的运算来。比如线性表的查找在链式存储结构中还会有按序号查找;再如插入运算,也可能是将新元素 x 插入适当位置上等,不可能也没有必要全部定义出它的运算集,读者掌握了某一数据结构上的基本运算后,其他的运算可以通过基本运算来实现,也可以直接去实现。

(2) 在上面各操作中定义的线性表 L 仅仅是一个抽象在逻辑结构层次的线性表,尚未涉及它的存储结构,因此每个操作在逻辑结构层次上尚不能用某种程序语言写出具体的算法,而算法的实现只有在存储结构确立之后。

2.2 线性表的顺序存储结构

在计算机内,可以用不同的方式来存储线性表,其中最常用的方式有顺序表(sequential list)和链表(linked list)两种。选择存储方式时,必须考虑在该表上将要进行何种运算。因为对于同一运算来说,不同的存储方式,执行的效果是不同的。对于选定的存储结构,必要时还应估算算法执行的时间和所需要的存储空间。

2.2.1 线性表的顺序存储结构——顺序表

计算机内存储器是由有限个存储单元组成的,每个存储单元都有对应的整数地址,各存储单元的地址是连续编号的。若用一组地址连续的存储单元依次存储线性表里各元素就构成线性表的顺序存储结构,即顺序表,如图 2-1 所示。它的特点是逻辑上相邻的数据元素,其物理位置也是相邻的。线性表的顺序存储结构又常称为向量(vector)。

在图 2-1 的存储结构中,假设每个数据元素占用 1 个存储单元,b 为第一个元素的存储首址,则线性表中任意相邻的两个数据元素 a_i 与 a_{i+1} 的存储首址 $LOC(a_i)$ 与 $LOC(a_i+1)$ 将满足下面的关系:

$$LOC(a_{i+1})=LOC(a_i)+1$$

一般来说,线性表的第 i 个数据元素 a_i 的存储位置为:

$$LOC(a_i)=b+(i-1)\times1$$

此式表明,线性表中每个元素的存储首址都与第一个元素的存储首址 b 相差一个与序号成正比的常数。由于表中每个元素的存储首址可由上面简单的公式计算求得,且计算所需要的时间也是相同的,所以访问表中任意元素的时间都相等,并且可以随机存取。

在电话号码簿中,每个元素由 3 个数据项组成,即姓名、住址和电话号码,其顺序存储的机内表示如图 2-2 所示。

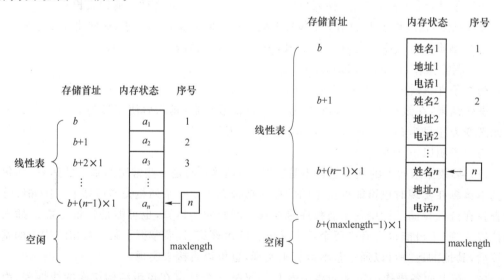

图 2-1 线性表的顺序存储结构   图 2-2 电话号码簿的顺序存储结构

由于记录中各数据项不能通过下标值进行访问,因而若假设姓名需要占用 x 个存储单元,地址需要占用 y 个存储单元,整个元素需要占用 1 个存储单元,则第 i 个元素的地址和电话号码的存储首址可分别由下面的两个公式求得:

$$\text{LOCN}(i) = b + (i-1) \times 1 + x$$
$$\text{LOCP}(i) = b + (i-1) \times 1 + (x+y)$$

2.2.2 顺序表基本运算的实现

由于 C 语言中的一维数组也是采用顺序存储表示,故可以用 C 语言中动态分配的一维数组类型来描述顺序表。又因为除了用数组来存储线性表的元素之外,顺序表还应该用一个变量来表示线性表的长度属性,所以我们用结构类型来定义顺序表类型。顺序表的存储定义如下:

```
#define MAXSIZE 100          /* 存储空间初始分配量 */
typedef int Status;          /* Status 是函数的类型,其值是函数结果状态代码,如 OK 等 */
typedef int ElemType;        /* ElemType 类型根据实际情况而定,这里假设为 int */
typedef struct
{
  ElemType data[MAXSIZE];    /* 数组,存储数据元素 */
  int length;                /* 线性表当前长度 */
}SqList;
```

根据此定义,顺序表的初始化操作就是为顺序表分配一个容量为 MAXSIZE 大小的数组空间,并将线性表的当前长度 length 设为 0。

现在介绍线性表在顺序存储结构上的运算,这些算法都是从下标 0 开始存放元素的。

1. 查找操作

对于线性表的顺序存储结构来说,如果我们要实现查找操作,将第 i 个元素值返回是非常简单的。在程序里就是把数组第 $i-1$ 下标的值返回。

算法 2.1 查找位置的元素

```
/* 初始条件:顺序线性表 L 已存在,1≤i≤ListLength(L) */
/* 操作结果:用 e 返回 L 中第 i 个数据元素的值,注意 i 是指位置,第 1 个位置的数组是从 0 开始 */
Status GetElem(SqList L,int i,ElemType * e)
{
    if (L.length == 0 || i < 1 || i > L.length)
            return ERROR;
    * e = L.data[i-1];
    return OK;
}
```

算法 2.1 的时间复杂度是 $O(1)$。思考一下:某个数据元素的值已经给出,要找到这个元素在线性表中的位置,如何实现? 算法时间复杂度是多少?

2. 插入操作

当需要在线性表的第 i 个位置上插入一个元素时,必须首先将线性表中原有的元素 a_n,

$a_{n-1},\cdots,a_1$ 依次移到表中的第 $n+1,n,\cdots,i+1$ 各位置上，以便腾出一个空位置 i，再把新元素存入该位置上，插入新元素以后，原来第 i 至第 n 个元素的序号自动变为 $i+1,i+2,\cdots,$ $n+1$，此时线性表的长度为 $n+1$。如果在第 $n+1$ 个位置上进行插入，则不需要移动表中原有的元素。插入工作的具体过程如图 2-3 所示。

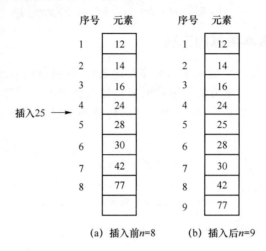

（a）插入前$n=8$　　　（b）插入后$n=9$

图 2-3　顺序表插入过程

图 2-3 所示为一个有 8 个数据元素的递增有序表，现在要插入一个值为 25 的元素，并要求插入后该表仍是有序的，因此，25 必须插在 24 与 28 之间，而值为 28、30、42 和 77 的元素必须依次往后移动一个位置。在插入时我们还要考虑空间是不是足够，插入位置是不是合理。

根据图 2-3 可以总结出插入算法实现思想：

① 判断表是不是已经满，如果已经满不能插入；

② 判断位置是否合理，不合理提示错误；

③ 表不满并且插入位置合理，从最后一个元素到第 i 个位置元素依次后移；

④ 将元素插入第 i 个位置；

⑤ 表长加 1。

算法 2.2　向线性表中插入元素

```
/*初始条件:顺序线性表 L 已存在,1≤i≤ListLength(L), */
/*操作结果:在 L 中第 i 个位置之前插入新的数据元素 e,L 的长度加 1 */
Status ListInsert(SqList * L,int i,ElemType e)
{
int k;
if (L->length == MAXSIZE)          /* 顺序线性表已经满 */
      return ERROR;
if (i<1 || i>L->length+1)          /* 当 i 比第一位置小或者比最后一位置后一位置还要大时 */
      return ERROR;
```

```
if (i <= L -> length)                    /* 若插入数据位置不在表尾 */
{
        for(k = L -> length-1;k >= i-1;k--)   /* 将要插入位置之后的数据元素向后移动一位 */
            L -> data[k + 1] = L -> data[k];
}
L -> data[i - 1] = e;                     /* 将新元素插入 */
L -> length ++ ;                          /* 表长加 1 */
return OK;
}
```

3. 删除操作

如果希望删除线性表中第 i 个元素 x,这时需将第 $i+1$ 到第 n 个元素依次移至第 i 到第 $n-1$ 的位置上。删除元素 x 之后,表中原有的第 $i+1,i+2,\cdots,n$ 个元素的序号自动变为 $i,i+1,\cdots,n-1$,线性表的长度减 1,改为 $n-1$。如果删除的元素 x 为表中的第 n 个元素(最后一个元素),则不需要移动任何元素,只要将表的长度减 1。若表中没有元素 x,则删除工作什么事情也不做。若表中只有一个元素且它就是要删除的 x,则删除后此表成为空表。

图 2-4(a)展示了一个有 8 个元素的递增有序表。当删除元素 24 时,删除后的状态如图 2-4(b)所示。从图中可以看到,元素 28、30、42 和 77 都向前移动了一个位置,且表长由 8 变为 7。

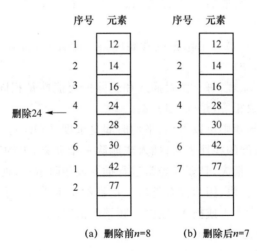

(a) 删除前 $n=8$ (b) 删除后 $n=7$

图 2-4 线性表的删除过程

根据图示可以总结出插入算法实现思想:

① 判断表是不是空,如果空不能作删除操作;

② 判断位置是否合理,不合理提示错误;

③ 表不空并且插入位置合理,从第 i 个位置到最后一个元素依次前移;

④ 表长减 1。

算法 2.3　删除算法

```
/*初始条件:顺序线性表 L 已存在,1≤i≤ListLength(L) */
/*操作结果:删除 L 的第 i 个数据元素,并用 e 返回其值,L 的长度减 1 */
Status ListDelete(SqList * L,int i,ElemType * e)
{
    int k;
    if (L-> length == 0)                    /* 线性表为空 */
        return ERROR;
    if (i<1 || i>L-> length)                /* 删除位置不正确 */
        return ERROR;
    * e = L-> data[i-1];
    if (i<L-> length)                       /* 如果删除不是最后位置 */
    {
        for(k = i;k<L-> length;k++)         /* 将删除位置后继元素前移 */
            L-> data[k-1] = L-> data[k];
    }
    L-> length-- ;
    return OK;
}
```

以上几个算法,查找算法时间复杂度 $O(1)$,插入和删除算法的执行时间均为 $O(n)$。

最好的情况,元素插到最后一个位置,或者删除最后一个元素,此时时间复杂度是 $O(1)$,因为不需要移动元素。

最坏的情况,元素插到第一个位置或者删除第一个元素,所有的元素都要前移或者后移,这时时间复杂度是 $O(n)$。

平均情况,根据概率原理,每个位置插入和删除的可能性是相同的,最终平均移动次数和最中间的元素移动次数相等,是 $(n-1)/2$。

根据时间复杂度推导规则可以得出,平均时间复杂度是 $O(n)$。

由此可见,对顺序分配的线性表,每插入或删除一个元素,大约需要移动表中的一半数据元素。若表的长度值 n 很大,且要求经常进行插入或删除运算,则相当费时间。但是这种存储结构简单,便于随机存取,因为没有类似于指针的辅助空间,所以存储空间的利用率很高。顺序表一般适用于表不大或插入、删除不频繁的情况。

4. 顺序存储结构的优缺点

顺序存储结构的优缺点如表 2-1 所示。

表 2-1　顺序存储结构的优缺点

优点	缺点
(1) 逻辑相邻,物理相邻	(1) 插入、删除操作需要移动大量的元素
(2) 可随机存取任一元素	(2) 预先分配空间需按最大空间分配,利用不充分
(3) 存储空间使用紧凑	(3) 表容量难以扩充

2.3 线性表的链式存储结构

上一节介绍了线性表的顺序存储结构,这种存储方式虽有很多优点,但也有它固有的缺点。例如,元素的插入和删除需要移动大量的元素,而且不便于多个表共享存储空间,表的容量也难以扩充。为了克服这些缺点、本节将介绍线性表的另一种存储结构——链式存储结构。由于它不要求逻辑上相邻的元素在物理位置上一定相邻,因此是一种非顺序存储结构。

链式存储结构用一组任意的存储单元依次存储线性表中的各元素。这组存储单元可以是连续的,也可以是不连续的。为反映出各元素在线性表中的前后关系,除了存储元素本身的信息外,还需添加一个或多个指针域。指针域的值叫指针,又称作链,它用来指示数据元素的存储首址。这两部分信息一起组成一个数据元素的存储映像,称存储映像为结点。

根据每个结点所含指针的个数,链表分为两大类,即单链表和多重链表;而根据指针的连接方式,链表又可分为普通链表和循环链表。

2.3.1 线性表的链式存储结构——链表

链表是用一组任意的存储单元来存放线性表的结点,这组存储单元可以是连续的,也可以是非连续的,甚至是零散分布在内存的任何位置上。因此,链表中结点的逻辑次序和物理次序不一定相同。为了正确地表示结点间的逻辑关系,必须在存储线性表的每个数据元素值的同时,存储指示其后继结点的地址(或位置)信息,这两部分信息组成的存储映像叫作结点(node)。它包括两个域,其中存储数据元素信息的域称为数据域;存储直接后继位置信息的域称为指针域,如图 2-5 所示。

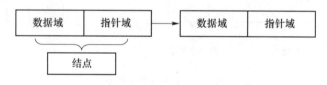

图 2-5 单链表结点结构

N 个结点链接成一个链表,即为线性表的链式存储结构,又由于此链表的每个结点中只包含一个指针域,故又称线性链表或单链表。

整个链表的存取必须从头开始,我们把链接中第一个结点的存储位置叫作头指针。同时,由于最后一个数据元素没有直接后继,则线性链表中最后一个结点的指针为"空"(NULL)。如图 2-6 所示,头指针指向地址 31,即地址 31 里的数据"ZHAO"是第一个结点,"WANG"是最后一个结点,指针域是空。

用线性链表表示线性表时,数据元素之间的逻辑关系是由结点的指针指示的。换句话说,指针为数据元素之间逻辑关系的映像,因此逻辑上相邻的两个数据元素其存储的物理位置不要求相邻,由此,这种存储结构为非顺序映像或链式映像。

通常我们把链表画成用箭头相链接的结点的序列,结点之间的箭头表示链域中的指针。如图 2-6 的线性链表可画成如图 2-7 所示的形式,这是因为在使用链表时,关心的只是它所表示的线性表中数据元素之间的逻辑顺序,而不是每个数据元素在存储器中的实际位置。

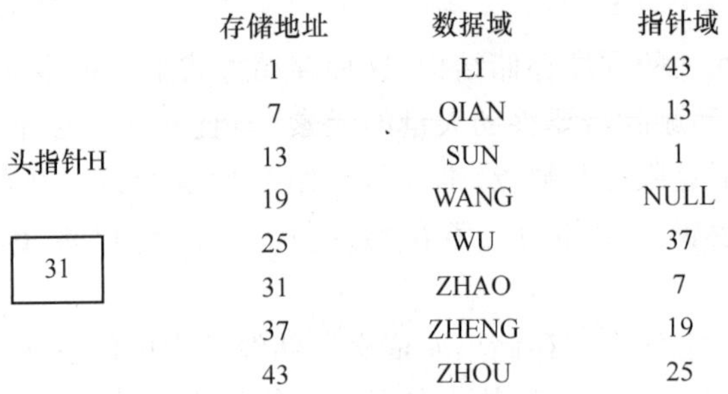

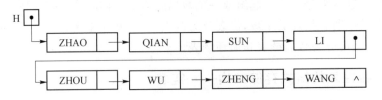

存储地址	数据域	指针域
1	LI	43
7	QIAN	13
13	SUN	1
19	WANG	NULL
25	WU	37
31	ZHAO	7
37	ZHENG	19
43	ZHOU	25

头指针H

31

图 2-6　线性链表示例

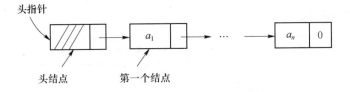

图 2-7　线性链表的逻辑状态

有时,为了更加方便地对链表进行操作,会在单链表第一个结点前加一个结点,称为头结点。头结点的数据域一般不存储任何信息,有时存储线性表长度等附加信息,如图 2-8 所示。

图 2-8　头结点和头指针

头结点和头指针的比较如表 2-2 所示。

表 2-2　头结点和头指针的比较

头指针	头结点
• 头指针是指链表指向第一个结点的指针,若链表有头结点,则指向头结点 • 头指针有标识作用,常用头指针表示链表的名字 • 无论链表是否为空,头指针都不为空 • 头指针是链表的必要元素	• 头结点是为了操作统一和方便而设立的,放在第一个元素之前,其数据域一般无意义 • 有了头结点,当在第一个元素前插入和删除操作时,和其他结点统一 • 头结点不一定是链表的必要元素

由上述可见,单链表可由头指针唯一确定,在 C 语言中可用"结构指针"来描述,线性表的结点可用结构来描述,如下所示:

```
//线性表的单链表存储结构
typedef struct Node
{
        ElemType data;
        struct Node * next;
}Node;
typedef struct Node * LinkList;            /* 定义 LinkList */
```

假设 L 是 LinkList 型的变量,则 L 为单链表的头指针,它指向表中第一个结点。若 L 为"空"(L=NULL),则所表示的线性表为"空"表,其长度 n 为"零"。如图 2-9(a)所示,此时,单链表的头指针指向头结点。若线性表为空表,则头结点的指针域为"空",如图 2-9(b)所示。

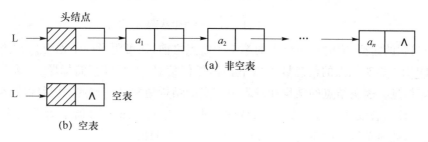

图 2-9 带头结点的单链表

2.3.2 单链表

每个结点只含有一个指针的链表称为单链表(simple linked list)。为叙述方便,下面所说的链表均指普通单链表。单链表是最简单的一种链表。

例如,设有一个包含 5 个元素(A,B,C,D,E)的线性表,其顺序结构和链式结构的存储状态如图 2-10 所示。

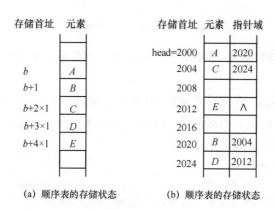

图 2-10 线性表的两种存储状态比较

图 2-10(a)中 b 为顺序表中第一个元素的首地址,图 2-10(b)中 head 为链表的头指针,

头指针指示着线性表中第一个元素 A 的存储首址。假设这 5 个结点的存储首址分别为 2000、2020、2004、2024 和 2012。由图可见，在顺序表中元素的物理顺序与线性表中的逻辑顺序是一致的，而在链表中，这两种顺序一般是不一致的。在链表中，结点在内存中的存储位置可以随意设置，但结点间由指针所体现的逻辑顺序必须和线性表完全一致。换句话说，指针指出了线性表中"下一个元素"即后继元素的存储首地址。图中的符号"∧"（NULL）为空指针，表示该结点代表的元素是线性表中的最后一个元素。

通常把链表画成用箭头相连接的结点序列，结点之间的箭头表示指针域中的指针。例如图 2-10(b) 所示的链表可画成如图 2-11 所示的形式。图中没有标出指针的具体值，只是用箭头表示它的存在，这是因为进行程序设计时，我们所关心的只是结点间的逻辑顺序，而结点的实际存储地址是无关紧要的。

head → A → B → C → D → E ∧

图 2-11　链表的逻辑状态

根据问题的需要，有时在单链表的第 1 个结点之前，还可附设一个称为"表头结点"的结点 HEADER。表头结点的信息域可以不存储任何信息，也可以存储标题、建表日期、建表人、表长等信息。表头结点的结构和链表中结点的结构通常是一致的，其指针域存储第一个结点的首地址。若线性表为空表，则该域的值也为空"∧"，图 2-12 所示为带表头结点的单链表。注意，此时单链表的头指针 head 指向表头结点 HEADER。

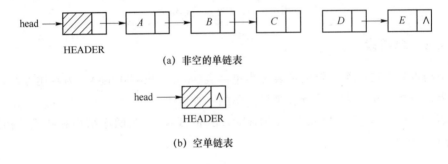

(a) 非空的单链表

(b) 空单链表

图 2-12　带头结点的单链表

下面介绍单链表的初始化、读取元素、插入、删除和生成有 n 个结点的运算。

1. 读取元素

取单链表中任意元素，若该元素存在，则查找成功，返回其值及成功标志；否则，或者为空表，或者表中没有该结点。与顺序表不同的是，链表中结点的地址不能通过公式直接计算，必须从表头开始顺着链逐个结点查找。

算法 2.4　读取元素

```
/*初始条件:顺序线性表 L 已存在,1≤i≤ListLength(L) */
/*操作结果:用 e 返回 L 中第 i 个数据元素的值 */
Status GetElem(LinkList L,int i,ElemType * e)
{
```

```
        int j;
        LinkList p;              /* 声明一结点 p */
        p = L -> next;           /* 让 p 指向链表 L 的第一个结点 */
        j = 1;                   /*   j 为计数器 */
        while(p && j < i)        /* p 不为空或者计数器 j 还没有等于 i 时,循环继续 */
        {
            p = p -> next;       /* 让 p 指向下一个结点 */
            ++ j;
        }
        if (! p || j > i)
            return ERROR;        /*   第 i 个元素不存在 */
        * e = p -> data;         /*   取第 i 个元素的数据 */
        return OK;
            printf(" ok ");
    return(1);
    }
```

从单链表中删除一个结点或往单链表中插入一个新结点都非常容易,因为此时只要修改结点的指针,而无须移动其他任何结点。

在下面给出的算法中,引用了 C 语句中的两个标准函数 malloc(sizeof(nodetype)) 和 free(q)。执行 malloc(sizeof(nodetype)) 的作用是使系统生成一个 nodetype 型的结点,同时将该结点的起始位置(内存中的首址)赋给一个指向 nodetype 类型结点的指针类型变量;执行 free(q);的作用是使系统回收一个由指针变量 q 所指的 nodetype 型的结点,回收后的空间备作再次生成结点时使用。

2. 插入元素

在已知结点后面插入新的结点的操作如图 2-13 所示,设指针 p 指向结点 A,指针 f 指向将要插入的新结点 x,x 插在线性表两个数据元素 A 和 B 之间,这时只要修改两个指针即可。上述指针的修改用语句描述为:

```
s -> next = p -> next; p -> next = f;
```

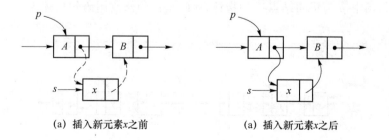

(a) 插入新元素 x 之前　　　　　　(a) 插入新元素 x 之后

图 2-13　插入一个结点到链表中

根据图示可以总结出插入算法实现思想:

① 寻找第 i 个结点，找到用 p 指向；

② 生成新结点 s；

③ 将数据写入新结点 s -> data；

④ 修改指针 s -> next＝p -> next；p -> next＝s；。

算法 2.5　结点 i 后插入算法

```
/* 初始条件:顺序线性表 L 已存在,1≤i≤ListLength(L), */
/* 操作结果:在 L 中第 i 个位置之前插入新的数据元素 e,L 的长度加 1 */
Status ListInsert(LinkList * L,int i,ElemType e)
{
    int j;
    LinkList p,s;
    p = *L;
    j = 1;
    while(p && j < i)                       /* 寻找第 i 个结点 */
    {
        p = p -> next;
        ++ j;
    }
    if (! p || j > i)
        return ERROR;                        /* 第 i 个元素不存在 */
    s = (LinkList)malloc(sizeof(Node));      /* 生成新结点(C 语言标准函数) */
    s -> data = e;
    s -> next = p -> next;                    /* 将 p 的后继结点赋值给 s 的后继 */
    p -> next = s;                            /* 将 s 赋值给 p 的后继 */
    return OK;
}
```

思考:若在已知结点的前面插入元素,算法如何写? 时间复杂度又是多少?

3. 删除操作

删除已知结点后面的数据元素操作如图 2-14 所示,若要删除线性表中元素 y,则仅修改一个指针。图中 p 为指向结点 x 的指针,此时指针的修改用语句描述为:

```
p -> next = q -> next;
```

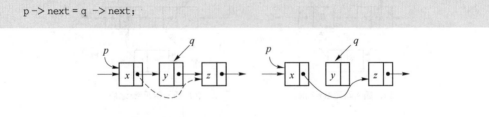

(a) 结点 y 删除之前　　　　　　(b) 结点 y 删除之后

图 2-14　从链表中删除一个结点

根据图示可以总结出插入算法实现思想：

① 寻找第 i 个结点，找到后用 p 指针指向；

② 判断链表是否空，若空则不能作删除操作；

③ 将要删除结点 q 指针指向，p->next=q；；

④ 修改指针 p->next=q->next；；

⑤ 释放内存空间 free(q)。

算法 2.6 结点的删除算法

```
/* 初始条件:顺序线性表 L 已存在,1≤i≤ListLength(L) */
/* 操作结果:删除 L 的第 i 个数据元素,并用 e 返回其值,L 的长度减 1 */
Status ListDelete(LinkList * L,int i,ElemType * e)
{
    int j;
    LinkList p,q;
    p = * L;
    j = 1;
    while (p->next && j<i)          /* 遍历寻找第 i 个元素 */
    {
        p = p->next;
        ++j;
    }
    if (!(p->next) || j>i)
        return ERROR;               /* 第 i 个元素不存在 */
    q = p->next;                    /* 将删除的结点赋值给 q */
    p->next = q->next;              /* 将 q 的后继赋值给 p 的后继 */
    * e = q->data;                  /* 将 q 结点中的数据给 e */
    free(q);                        /* 让系统回收此结点,释放内存 */
    return OK;
}
```

思考：若删除 i 结点本身，算法如何实现？

4. 创建单链表

设单链表的初始状态为空，利用标准函数 malloc(sizeof(elementtype)) 依次建立线性表中各元素结点，并将它们逐个插入到链表中，插入方法有两种，一种是头插法，即依次将新结点都插到表头结点之前；另一种是尾插法，即每次都将新元素插到表尾。

头插法算法思想（如图 2-15 所示）：

① 建立一个带头结点的单链表，即申请新结点用 L 指向，指针域为空；

② 申请新结点 s，给 s 数据域赋值；

③ 实现插入操作 s->next=L->next；L-next=s；；

④ 循环②、③直到所有结点插入完成。

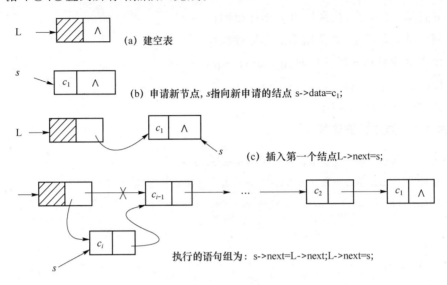

图 2-15　单链表头插法过程

算法 2.7　建立带头结点的单链表（头插法）

```
/*随机产生 n 个元素的值,建立带表头结点的单链线性表 L(头插法) */
void CreateListHead(LinkList * L,int n)
{
    LinkList p;

    int i;

    srand(time(0));                          /* 初始化随机数种子 */

    * L = (LinkList)malloc(sizeof(Node));

    ( * L) -> next = NULL;                   /* 先建立一个带头结点的单链表 */

    for(i = 0; i < n; i ++)

    {
        p = (LinkList)malloc(sizeof(Node));  /*   生成新结点 */

        p -> data = rand() % 100 + 1;        /*   随机生成 100 以内的数字 */

        p -> next = ( * L) -> next;

        ( * L) -> next = p;                  /*   插入到表头 */

    }

}
```

　　由头插法产生的单链表是逆序的,每次都让新来的结点在第一的位置上。下面介绍另一种建立方法尾插法,就是新来的结点都插在终端结点的后面,该方法是将新结点插到当前链表的表尾上。为此需增加一个尾指针 r,使之始终指向当前链表的表尾,如图 2-16所示。

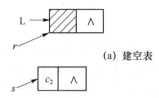

(a) 建空表

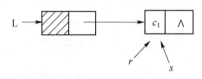

(b) 申请新结点并赋值，s指向新申请的结点空间s->data:=c_1；

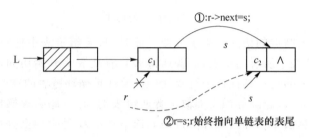

(c) 插入第一个结点r->next=s;r=s;

①:r->next=s;

s

②r=s;r始终指向单链表的表尾

(d) 插入第二个结点

图 2-16　单链表尾插法过程

算法 2.8　建立带头结点的单链表(尾插法)

```
/*随机产生 n 个元素的值,建立带表头结点的单链线性表 L(尾插法) */
void CreateListTail(LinkList * L,int n)
{
    LinkList p,r;
    int i;
    srand(time(0));                          /* 初始化随机数种子 */
    * L = (LinkList)malloc(sizeof(Node));    /* L 为整个线性表 */
    r = * L;                                  /* r 为指向尾部的结点 */
    for(i = 0; i < n; i + + )
    {
        p = (Node * )malloc(sizeof(Node));   /* 生成新结点 */
        p -> data = rand() % 100 + 1;         /* 随机生成 100 以内的数字 */
        r -> next = p;                        /* 将表尾终端结点的指针指向新结点 */
        r = p;                                /* 将当前的新结点定义为表尾终端结点 */
    }
    r -> next = NULL;                         /* 表示当前链表结束 */
}
```

以上算法的时间复杂度都是 $O(n)$，因为在插入删除时都需要查找，找到被删除或插入的位置。如果只针对插入和删除的这部分算法来看,其时间复杂度都是 $O(1)$。

2.3.3　循环链表

循环链表(circular linked list)是另一种形式的链式存储结构。它的特点是链表中最后一个结点的指针域指向头结点，整个链表形成一个环。由此从表中任一结点出发均可找到表中其他结点，单链表中，每个结点的指针都指向其下一个结点，最后一个结点的指针域为空（NULL），因为它没有后继。若把这种结构稍加修改，使最后一个结点的指针返回指向头结点，则整个链表形成一个环，称为循环链表。图 2-17 所示为非空循环链表和空循环链表的一般形式。

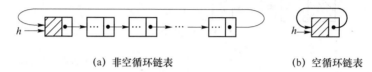

| (a) 非空循环链表 | (b) 空循环链表 |

图 2-17　循环链表的一般形式

采用循环链表结构给结点的访问带来了方便。此时，只要给定表中任意一个结点的地址，通过它就可以访问到表中所有的结点，而普通链表只有从表头开始访问，才能访问到表中的所有结点。循环链表的这一特性称为可及性。可及性是循环链表的重要特性。

在循环链表上执行插入、删除等操作类似于普通链表的插入、删除等操作，也只修改相应的指针。其差别在于算法中循环的条件不再是 p 或 p -> next 是否为空，而是它们是否等于头指针。

采用循环链表结构还可以使某些运算简化。例如，若在循环链表中设一尾指针而不设头指针（如图 2-18(a)所示），则在将两个链表合并成一个链表的时候，只要将一个链表的尾和另一个链表的头相接，因而非常方便。其整个过程只修改两个指针，时间复杂度为 $O(1)$，合并后的表如图 2-18(b)所示。合并步骤如下：

```
p = h1 -> next;        h1 -> next = h2 -> next;
h2 -> next = p;        h1 = h2;
```

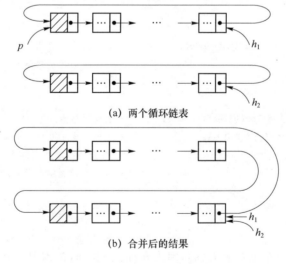

(a) 两个循环链表

(b) 合并后的结果

图 2-18　仅设置指针的循环链表

2.3.4 双链表

从单链表的结构特征可以看到：当给定一个结点 p 时，沿着指针方向去查找 p 的后继结点是容易的，若要访问 p 的前趋结点就比较困难，此时唯一的方法是从表头开始顺着链查找。因为，单链表只有一个指针域，它用来存放该结点后继结点的地址，而没有关于前趋结点的信息。又如，当从单链表中删除任意一个结点时，也会遇到类似的问题，因为从单链表中删除一个结点，需要修改该结点前趋结点的指针。因此，对于那些经常需要既向前又向后进行查询的问题，采用双向链表比较适宜。双向链表是线性表的另一种形式的链式存储结构。

双向链表中的每个结点有两个指针域。其中，一个存放它的直接前趋结点的地址，另一个存放它的直接后继结点的地址。因此，在双向链表中一个结点至少有 3 个域，即数据域（data）、左指针域（llink）和右指针域（rlink）。双向链表的结点结构如下：

| llink | data | rlink |

双向链表数据类型的定义：

```
typedef struct
  {
    elementype   data;
    struct   dnode * llink;
    struct   dnode  * rlink;
  }dnode, * dulinklist;
```

一个双向链表可以是非循环的，也可以是循环的。图 2-19 和图 2-20 分别展示了带有表头结点的双向链表和双向循环链表的一般形式。

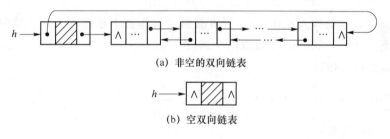

(a) 非空的双向链表

(b) 空双向链表

图 2-19　带表头结点的双向链表

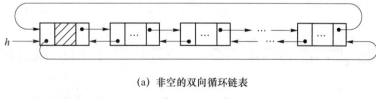

(a) 非空的双向循环链表

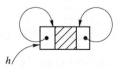

(b) 空双向循环链表

图 2-20　带表头结点的双向循环链表

在双向链表中，若 p 是指向表中任意一结点的指针，则有

$$p = (p\text{->}llink)\text{->}rlink = (p\text{->}rlink)\text{->}llink$$

这一等式非常直观地反映了双向链表结构的本质，即第 $i-1$ 个结点的右指针和第 $i+1$ 个结点的左指针都指向第 i 个结点，因而可随意在其上向前或向后移动，使插入和删除工作都变得十分容易。这是付出存储空代价而带来的好处。

下面先介绍双向链表插入和删除运算的基本操作。

设指针 p 指着双向链表中的结点 B，指针 f 指着将要插入的新结点 x，x 插在两个数据元素 A 和 B 之间，此时需要修改 4 个指针（如图 2-21 所示）：

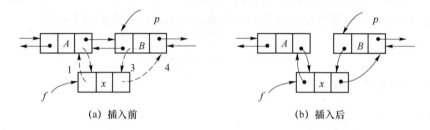

(a) 插入前　　　　　　　　　　(b) 插入后

图 2-21　在双向链表中插入 x 结点

（1）f -> llink ＝ p -> llink；

（2）f -> rlink ＝ p；

（3）(p -> llink) -> rlink ＝ f；

（4）p -> llink ＝ f；

请注意 p 所在的位置和上述 4 个语句的书写顺序。

掌握了双向链表的插入操作，双向链表的删除操作就不难理解了。从双向链表中删除 p 所指的结点，如图 2-22 所示，需修改两个指针：

（1）左结点的右指针：

```
(p -> llink) -> rlink = p -> rlink;
```

（2）右结点的左指针：

```
(p -> rlink) -> llink = p -> llink;
```

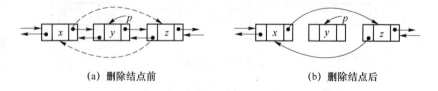

(a) 删除结点前　　　　　　　　　(b) 删除结点后

图 2-22　从双向链表中删除结点 y

双向链表插入和删除算法与单链表相似，核心代码如下，在这里不再详细说明。

插入结点 f：

```
f = (dnode *)malloc(sizeof(dnode));        /* 申请存储空间 */
f -> data = e;                             /* 插入新结点 */
f -> llink = p -> llink;
f -> rlink = p;
p -> llink -> rlink = f;
p -> llink = f;
```

删除结点 p：

```
e = p -> data;
p -> llink -> rlink = p -> rlink;          /* 修改左结点的右指针 */
p -> rlink -> llink = p -> llink;          /* 修改右结点的左指针 */
free(p);                                   /* 释放空间 */
```

思考：若插入到 p 结点的后面位置，算法如何实现？若删除 p 结点后面的结点或是前面的结点，算法如何实现？

2.4 线性表的应用

一般情况下，一个 n 次多项式可表示为：

$$A(x) = a_m x^{e_m} + a_{m-1} x^{e_{m-1}} + \cdots + a_1 x^{e_1}！$$

其中，a_i 是指数为 e_i 项的非零系数，而 $e_i (1 \leqslant i \leqslant n)$ 满足 $0 \leqslant e_1 < e_2 < \cdots < e_m = n$。在多项式相加时，至少有两个或两个以上的多项式同时并存，而且在实现运算的过程中所产生的中间多项式和结果多项式的项数和指数都是难以预测的。有时，多项式的次数可能很高且变化很大，若采用顺序结构必然会造成内存空间的大量浪费。因此，在计算机中可采用链表来表示多项式。

当把一个多项式表示成一个单链表时，可将其每一个非零项用一个结点来表示。每个结点包含两个数据域和一个指针域，即系数域、指数域和指针域，并分别用 coef、exp 和 next 表示，其形式如下：

例如，多项式 $A(x) = 3x^{14} + 2x^8 + 1$ 的链表形式为：

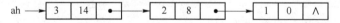

而多项式 $B(x) = 8x^{14} - 3x^{10} + 10x^6$ 的链表形式为：

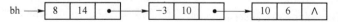

由 $A(x)$ 加 $B(x)$ 可得到多项式 $C(x) = 11x^{14} - 3x^{10} + 2x^8 + 10x^6 + 1$。表示 $C(x)$ 的链表形式为：

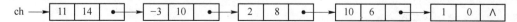

于是，两个多项式相加的问题就变为由单链表 ah 和 bh 求单链表 ch 的问题，下面讨论解决这一问题的算法。

多项式的链式存储结构可描述如下：

```
typedef typedef struct term
{
    float   coef;
    int     exp;
    struct term  * next;
} term, * polynom;
```

多项式相加运算的规则是：两个多项式中系数相同的项对应系数相加，若和不为零，则构成"和多项式"中的一项，所有指数不同的项均复制到"和多项式"中。

1. 方法 1

对于表示多项式 $A(x)$ 和 $B(x)$ 的单链 ah 和 bh，使用指针 pa 和 pb 分别沿着两个链表向表尾移动，以指示当前被检测的结点。当 pa≠NULL 且 pb≠NULL 时，可能出现下列 3 种情况之一。

(1) pa->exp>pb->exp。这说明 pa 所指的结点的指数大于 pb 所指的结点的指数。由于单链表的结点是以指数值的递减次序排列的，因此，pa 所指结点中的系数值和指数值应写入一个新结点，然后将这个新结点插入到单链表 ch 的表尾结点之后，成为 $C(x)$ 中新的表尾结点。同时 pa 移向下一个结点，继续扫描 $A(x)$ 中后面的结点。

(2) pa->exp ＝ pb->exp。这说明 pa 和 pb 所指结点的指数相等。这时，应将它们的系数相加，若系数相加的结果为零，则不产生一个新的结点；否则应产生一个新结点，按照(1)的类似做法插在 $C(x)$ 的尾结点之后，此时，pa 和 pb 同时移向它们各自的下一个结点。

(3) pa->exp ＜ pb->exp。这和(1)的情况完全类似，只不过复制的是 pb 所指的结点，然后 pb 移向下一个结点。

重复上述过程，直至 pa 或 pb 的值为"NULL"(有时 pa 和 pb 的值会同时为 NULL，但这不会影响算法)。若 pa≠NULL，则说明单链表 ah 中还有结点未处理，这时需要将它们复制到 ch 上；若 pb≠NULL，则表示单链表 bh 中还有结点未处理，同样需要将它们复制到 ch 上。

在逐步产生 $C(x)$ 的单链表的过程中，我们总是把新产生的结点加在 ch 的表尾结点之后。为了避免每次都要从 $C(x)$ 的第一个结点开始扫描，可令指针变量 pc 总是指着 $C(x)$ 的表尾结点，这样就能很方便地把新结点插在 pc 所指的结点之后。插入新结点到 ch 中的子过程如下，它供后面多项式相加算法调用。

算法 2.9　结点插入算法

```
/* 建立系数为 c，指数为 e 的新结点，并把它插在 pc 所指结点的后面。链接后 pc 指向新链入的结点 */
void attach (float c, int e, term * pc)
{
    term * p;
    p = (term * )malloc(sizeof(term));
    p -> coef = c;
    p -> exp = e;
    pc -> next = p;
    pc = p;                    /* pc 移向新链入的结点 */
}
```

下面给出两个多项式相加的算法。

算法 2.10 两个多项式相加的算法

```
/* 以 ah 和 bh 为头指针的单链表分别表示多项式 A(x)和 B(x),ch 为表示 A(x)与 B(x)和的多项 C
   (x)的链表头指针。为便于复算,本算法不破坏 A(x)与 B(x),C(x)另辟空间。多项式 A(x)和 B
   (x)均无表头结点。*/
void polyadd1(polynom ah,polynom bh,polynom &c h)
{
  polynom  pa,pb,pc,q;
  float x;
  int   k;
   pa = ah;
   pb = bh;
   ch = (term * )malloc(sizeof(term));
   pc = ch;                            /* 为单链表产生一个临时的表头结点 */
   while (pa != NULL && pb = NULL)
    {
       if (pa -> exp > pb -> exp) k = 1;
        else if (pa -> exp == pb -> exp) k = 2;
          else k = 3;                   /* 根据 k 确定执行哪个分支 */
       switch(k)
         {
            case 1: attach(pa -> coef,pa -> exp,pc);
                    pa = pa -> next;
                    break;
            case 2: x = pa -> coef + pb -> coef;   /* 系数相加,若和不为零则产生新的一项 */
                    if (x != 0)
                         attach(x,pa -> exp,pc);
                    pa = pa -> next;
                    pb = pb -> next;
                    break;
            case 3: attach(pb -> coef,pb -> exp,pc);
                    pb = pb -> next;
         }
    }
    while(pb != NULL)                    /* 复制 B(x)的剩余项 */
      {
         attach(pb -> coef,pb -> exp,pc);
         pb = pb -> next;
      }
   while (pa != NULL)                    /* 复制 A(x)的剩余项 */
     {
```

```
                attach(pa -> coef,pa -> exp,pc);
                pa = pa -> next;
            }
        pc -> next = NULL;                    /* 置 ch 链表最后一个结点的指针域为空 */
        q = ch;
        ch = ch -> next;                      /* 令 ch 指向首元结点 */
        free(q);                              /* 撤销临时表头结点 */
    }
```

上述算法的主要运行时间花费在指数比较和系数相加上。例如,若设多项式 $A(x)$ 有 n 项、$B(x)$ 有 m 项,则运行该算法的时间为 $O(m+n)$。

2. 方法 2

运算过程中利用原来多项式的空间,这种方法不能复算,但不必另外申请空间。即"和多项式"链表中的结点无须另外生成,只要从两个多项式的链表中摘取即可,其运算规则如下。

算法 2.11　两个多项式相加的算法改进

```
/* 为删除方便,令 pa1 和 pa 分别指向单链表 ah 中前后两个结点,pb1 和 pb 分别指向单链表 bh
   中前后两个结点,pa 和 pb 指向当前结点,pa1 和 pb1 指向它们各自的前趋结点。*/
void polyadd2 (polynom &ah,polynom bh)
{
polynom pa,pa1,pb,pb1;
float   sum;
int k;
pa1 = ah;
pa = ah -> next;
pb1 = bh;
pb = bh -> next;
while (pa ! = NULL && pb ! = NULL)
    {
        if (pa -> exp > pb -> exp) k = 1;
        else if (pa -> exp == pb -> exp) k = 2;
            else k = 3;                       /* 根据 k 确定执行哪个分支 */
        switch(k)
        {
          case 1:                             /* 多项式 A(x) 当前项的指数值小 */
              pa1 = pa;
              pa = pa -> next;
              break;
          case 2:                             /* 二者的指数值相等 */
              sum = pa -> coef + pb -> coef;  /* 系数相加,若和不为零则产生新的一项 */
              if (sum ! = 0.0)                 /* 修改多项式 A(x) 的当前项 */
                {
```

```
                    pa-> coef = sum;
                    pa1 = pa;
                    pa = pa-> next;
                }
            else                                /* 删除多项式 A(x)的当前项,并释放该结点的空间 */
                {
                   pa1 -> next = pa-> next;
                   free(pa);
                }
                                                /* 删除多项式 B(x)的当前项,并释放该结点的空间 */
            pb1 -> next = pb-> next;
            free(pb);
            break;
        case 3:                                 /* 多项式 B(x)当前项的指数值小,将 pb 所指结点
                                                   插在 pa 所指结点前面,并将指针 pa1、pb1 和 pb
                                                   调整到正确位置 */

            pa1 -> next = pb;
            pb = pb-> next;
            pb1 -> next -> next = pa;
            pa1 = pa1 -> next;
            pb1 -> next = pb;
        }
    }
    if (pb ! = NULL)                            /* 复制 B(x)的剩余项 */
        pa-> next = pb;
    free(bh);                                   /* 释放 hb 的头结点 */
}
```

求集合"并"和"交"的运算可以用链表实现。假设由键盘输入集合元素,先建立表示集合的链表,然后通过链表的操作实现集合的运算。例如,已知两个整数集合 A 和 B,它们的元素按递增有序的方式分别存放在两个单链表 ha 和 hb 中,如何编写一个函数求这两个集合的并集 C 呢?可将表示集合 C 的链表另辟空间,且同样是以递增有序的顺序存放,具体算法如下。

算法 2.12 求两个集合的并集

```
void union (linklist ha,hb,linklist &hc)
{
   linklist p,q,r,s;
   hc = (linklst)malloc(sizeof(node)); /* 建立链表C的头结点,指针 hc 为指向头结点的指针 */
   r = hc;                              /* 令 r 总是指向链表 C 的最后插入的结点 */
   p = ha;                              /* p 指向链表 A 当前检测的结点 */
   q = hb;                              /* q 指向链表 B 当前检测的结点 */
```

```
    while(p ! = NULL && q ! = NULL)          /* 两表均未到表尾则继续检测 */
      {
        if (p -> data < q -> data)
          {
            s = (linklist)malloc(sizeof(node));
            s -> data = p -> data;
            r -> next = s;
            r = s;
            p = p -> next;                    /* 指针 p 向后移动一个位置 */
          }
        else if (p -> data > q -> data)
            {
              s = (linklist)malloc(sizeof(node));
              s -> data = q -> data;
              r -> next = s;
              r = s;
              q = q -> next;                  /* 指针 q 向后移动一个位置 */
            }
            else                              /* p -> data == q -> data 的情况 */
              {
                s = (linklist)malloc(sizeof(node));
                s -> data = q -> data;
                r -> next = s;
                r = s;
                p = p -> next;
                q = q -> next;                /* 指针 p 和 q 同时向后移动一个位置 */
              }
      }
    if (p == NULL)                            /* 将从 q 之后 hb 表的剩余结点复制到 hc 链表的最后 */
      while(q ! = NULL)
      {
        s = (linklist)malloc(sizeof(node));
        s -> data = q -> data;
        r -> next = s;
        r = s;
        q = q -> next;
      }
    if (q == NULL)                            /* 将从 p 之后 ha 表的剩余结点复制到 hc 链表的最后 */
      while(p ! = NULL)
      {
        s = (linklist)malloc(sizeof(node));
        s -> data = p -> data;
```

```
            r -> next = s;
            r = s;
            p = p -> next;
        }
    r -> next = NULL;               /* r 所指结点为 c 链表最后一个结点 */
    r = hc;                         /* r 指向 c 链表表头结点 */
    hc = hc -> next;                /* 删除链表 c 的头结点 */
    free(r);                        /* 释放头结点的空间 */
}
```

2.5　顺序表和单链表的比较

　　顺序表的主要优点是支持随机读取,以及内存空间利用效率高;顺序表的主要缺点是需要预先给出数组的最大数据元素个数,而这通常很难准确做到。当实际的数据元素个数超过了预先给出的个数时,会发生异常。另外,顺序表插入和删除操作时需要移动较多的数据元素。

　　和顺序表相比,单链表的主要优点是不需要预先给出数据元素的最大个数。另外,单链表插入和删除操作时不需要移动数据元素。

　　单链表的主要缺点是每个结点中要有一个指针,因此单链表的空间利用率略低于顺序表。另外,单链表不支持随机读取,单链表取数据元素操作的时间复杂度为 $O(n)$;而顺序表支持随机读取,顺序表取数据元素操作的时间复杂度为 $O(1)$。

　　顺序表和链表各有长短。在实际应用中究竟选用哪一种存储结构呢? 这要根据具体问题的要求和性质来决定。通常从以下几个方面考虑,如表 2-3 所示。

表 2-3　顺序表和链表比较

顺序表	链表
静态分配　程序执行之前必须明确规定存储规模。当线性表的长度变化不大,易于事先确定其大小时,为了节约存储空间,宜采用顺序表作为存储结构 　　存储密度＝1	动态分配　只要内存空间尚有空闲,就不会产生溢出。因此,当线性表的长度变化较大,难以估计其存储规模时,宜采用动态链表作为存储结构为好 　　存储密度＜1
随机存取结构　对表中任一结点都可在 $O(1)$ 时间内直接取得线性表的操作主要是进行查找,很少作插入和删除操作时,采用顺序表作存储结构为宜	顺序存取结构　链表中的结点需从头指针起顺着链扫描才能取得
在顺序表中进行插入和删除,平均要移动表中近一半的结点,尤其是当每个结点的信息量较大时,移动结点的时间开销就相当可观	在链表中的任何位置上进行插入和删除,都只需要修改指针。对于频繁进行插入和删除的线性表,宜采用链表作存储结构。若表的插入和删除主要发生在表的首尾两端,则采用尾指针表示的单循环链表为宜

本 章 小 结

　　线性表是一种最简单且最常用的数据结构。其本质特征是元素之间只有一维的位置关系。线性表的存储结构有顺序表和链表两种。

　　顺序表结构简单，由于是用一组地址连续的存储单元来存储线性表中的元素的，故可通过一个简单的公式随机地访问表中的任意元素，访问速度快，但元素插入和删除时将有大量元素要平移，因而比较费时。

　　在链表中，是用一组任意的存储单元来存储线性表中的各元素，所以需要设指针来体现表中各元素在线性表中的先后次序，其结构比较复杂。对链表的查找必须从表头指针开始顺着链逐个元素查看，当表较长时，访问速度较慢。然而链表所用的空间在需要时才申请，所以表的容量易于扩充。在链表中插入、删除元素仅修改少量指针，无须移动元素，所以速度很快。

　　本章还应了解单链表、双向链表、循环链表、带表头结点的链表和不带表头结点的链表的结构和特点，对不同的问题选用不同的结构。

练 习 题

一、填空题

　　1. 在顺序表中插入或删除一个元素，需要平均移动_____元素，具体移动的元素个数与_____有关。

　　2. 顺序表中逻辑上相邻的元素的物理位置_____紧邻，单链表中逻辑上相邻的元素的物理位置_____紧邻。

　　3. 在单链表中除了首元结点外，任意结点位置由_____指示。

　　4. 在单链表中设置头结点的作用是_____。

二、简答题

　　1. 简述以下算法的功能。

```
(1) Status  A(LinlList  L){
    //L是无表头结点的单链表
    if (L&&L->next){
        Q = L;
        L = L->next;
        P = L;
        while(  P->next) P = P->next;
        P->next = Q;    Q->next = NULL;
    }
    return OK;
}//A
```

```
（2）void  BB(LNode * s,  LNode  * q){
        p = s;
        while(p -> next! = q)
                            p = p -> next;
        p -> next = s;
    }//BB
    void  AA(LNode * pa,LNode * pb){
        //pa和pb分别指向单循环链表中的两个结点
        BB(pa,pb);
        BB(pb,pa);
    }//AA
```

2. 指出以下算法中的错误和低效之处,并把它改写为一个既正确又高效的算法。

```
Status  DeleteK(SqList &a,int i,int k){
//本过程从顺序存储结构的线性表a中
//删除第i个元素起的k个元素。
    if (i<1|| k<0|| i+k>a.length) return ERROR;
    else {
        for(count = 1;count < k;count ++ ){
            //删除一个元素
            for(j=a.Length; j>= i+1;j-- ) a.elem[j-1] = a.elem[j];
            a.length -- ;
        }}
    return OK;
}//DeleteK
```

3. 试写一算法,对单链表实现就地逆置。

4. 假设某个单向循环链表的长度大于1,且表中既无头结点也无头指针。已知 s 为指向链表中某个结点指针,试编写算法在链表中删除指针 s 所指结点的前驱结点。

5. 画出执行下列各语句后各指针及链表的示意图。

```
L = (LinkList)malloc(sizeof(Lnode));
P = L;
for  (i = 1; i < = 4; i ++ ) {
                    P -> next = (LinkList)malloc(sizeof(Lnode));
                    P = P -> next;
                    P -> data = i * 2 - 1; }
P -> next = NULL;
for(i = 4; i >= 1; i -- ) Ins_LinkList(L,i+1,i * 2);
for(i = 1; i <= 3; i ++ ) Del_LinkList(L,i);
```

6. 已知 P 结点是双向链表的中间结点,试从下列提供的答案中选择合适的语句序列。

（a）在 P 结点后插入 S 结点的语句序列:

　　（b）在 P 结点前插入 S 结点的语句序列：

　　（c）删除 P 结点的直接后继结点的语句序列：

　　（d）删除 P 结点的直接前驱结点的语句序列：

　　（e）删除 P 结点的语句序列：

　　（1）P -> next＝P -> next -> next；

　　（2）P -> prior＝p -> prior -> prior；

　　（3）P -> next＝S；

　　（4）P -> prior＝S；

　　（5）S -> next＝P；

　　（6）S -> prior＝P；

　　（7）S -> next＝P -> next；

　　（8）S -> prior＝P -> prior；

　　（9）P -> prior -> next＝P -> next；

　　（10）P -> prior -> next＝P；

　　（11）P -> next -> prior＝P；

　　（12）P -> next -> prior＝S；

　　（13）P -> prior -> next＝S；

　　（14）P -> next -> prior＝p -> prior；

　　（15）Q＝P -> next；

　　（16）Q＝P -> prior；

　　（17）free（P）；

　　（18）free（Q）；

　　7. 试编写一算法,将一个用循环链表表示的稀疏多项式分解成两个多项式,使这两个多项式中各自仅含奇次项或偶次项,并要求利用原链表中的结点空间构成这两个链表。

　　8. 设有一个双向循环链表,每个结点中除有 pre、data 和 next 三个域外还增设了一个访问频度域 freq,其值均初始化为零,而每当对链表进行一次 LOCATE(L,x)操作后被访问的结点中的频度域的值便增1,同时调整链表中结点之间的次序,使其按访问频度非递增的顺序排列,以便始终保持被频繁访问的结点总是靠近表头结点。试编写符合上述要求的LOCATE 操作算法。

第3章 栈和队列

学习目标

栈和队列是两种特殊的线性表,它们的逻辑结构和线性表相同,只是其运算规则较线性表有更多的限制,栈按"后进先出"的规则进行操作,队按"先进先出"的规则进行操作,故又称它们为运算受限的线性表。栈和队列被广泛应用于各种程序设计中。

知识要点

(1) 栈的定义。

(2) 栈的存储:顺序栈和链栈。

(3) 栈的应用:递归和算术表达式。

(4) 队列的定义。

(5) 队列的存储:顺序循环队列和链队列。

3.1 栈

3.1.1 栈的定义及基本运算

栈是限制在表的一端进行插入和删除的线性表。允许插入、删除的这一端称为栈顶,另一个固定端称为栈底。当表中没有元素时称为空栈。如图 3-1 所示栈中,进栈的顺序是 $a_1, a_2, a_3, \cdots, a_n$,当需要出栈时其顺序为 $a_n, \cdots, a_3, a_2, a_1$,所以栈又称为后进先出的线性表(Last In First Out),简称 LIFO 表。

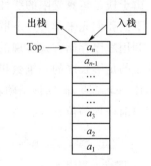

图 3-1　栈示意图

在日常生活中,有很多后进先出的例子,读者可以列举。在程序设计中,常常需要栈这样的数据结构,使得与保存数据时相反的顺序来使用这些数据,这时就需要用一个栈来实现。

栈的插入操作,叫作进栈,也叫入栈。栈的删除操作,叫作出栈,也叫弹栈。

下面讨论一下进栈出栈的变化形式,是不是最先进栈的元素一定最后一个出栈呢?不一定,因为进栈和出栈的先后虽然受到限制,但是时间没有受到限制。举例来说,若有三个元素 1、2、3 依次进栈,出栈顺序有几种呢?

第一种,1、2、3 依次进栈,出栈顺序一定是 3、2、1;

第二种，1进，2进，2出，1出，3进，3出，出栈顺序是2、1、3；

第三种，1进，1出，2进，3进，3出，2出，出栈顺序1、3、2；

第四种，1进，2进，2出，3进，3出，1出，出栈顺序2、3、1；

第五种，1进，1出，2进，2出，3进，3出，出栈顺序1、2、3。

由此可知，3个元素有5种可能的出栈顺序，多个元素数量更多，可见元素的出栈形式是多变的。

对于栈，常作的基本运算有以下几种。

（1）栈初始化：Init_Stack(s)

初始条件：栈 s 不存在。

操作结果：构造了一个空栈。

（2）判栈空：Empty_Stack(s)

初始条件：栈 s 已存在。

操作结果：若 s 为空栈返回为1，否则返回为0。

（3）入栈：Push_Stack(s,x)

初始条件：栈 s 已存在。

操作结果：在栈 s 的顶部插入一个新元素 x，x 成为新的栈顶元素。栈发生变化。

（4）出栈：Pop_Stack(s)

初始条件：栈 s 存在且非空。

操作结果：栈 s 的顶部元素从栈中删除，栈中少了一个元素。栈发生变化。

（5）读栈顶元素：Top_Stack(s)

初始条件：栈 s 存在且非空。

操作结果：栈顶元素作为结果返回，栈不变化。

3.1.2 栈的顺序存储结构及其基本运算实现

由于栈是运算受限的线性表，因此线性表的存储结构对栈也是适用的，只是操作不同而已。下面我们先来学习一下顺序栈的存储结构及其基本运算。

利用顺序存储方式实现的栈称为顺序栈。类似于顺序表的定义，栈中的数据元素用一个预设的足够长度的一维数组来实现：datatype data[MAXSIZE]，栈底位置可以设置在数组的任一个端点，而栈顶是随着插入和删除而变化的，用一个int top 来作为栈顶的指针，指明当前栈顶的位置，同样将 data 和 top 封装在一个结构中，顺序栈的类型描述如下：

```
#define MAXSIZE   1024
typedef   struct
  {datatype  data[MAXSIZE];
   int   top;
  }SeqStack
```

定义一个指向顺序栈的指针：

```
SeqStack   * s;
```

通常 0 下标端设为栈底,这样空栈时栈顶指针 top = -1;入栈时,栈顶指针加 1,即 s -> top++;出栈时,栈顶指针减 1,即 s -> top--。栈操作的示意图如图 3-2 所示。图 3-2(a) 是空栈,图 3-2(b)是 A 元素进栈,图 3-2(c)是 A、B、C、D、E 5 个元素依次入栈,图 3-2(d)是 在图 3-2(c)之后 E、D、C 相继出栈,此时栈中还有两个元素,栈顶指针指向元素 B。通过这 个示意图要深刻理解栈顶指针的作用。

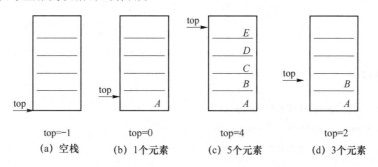

图 3-2　栈顶指针 top 与栈中数据元素的关系

在上述存储结构上基本操作的实现如下。

1. 顺序栈操作的实现

顺序栈基本操作实现如下。

算法 3.1　顺序栈基本操作

(1) 置空栈

首先建立栈空间,然后初始化栈顶指针。

```
SeqStack  * Init_SeqStack()
{ SeqStack  * s;
s = malloc(sizeof(SeqStack));
s -> top = -1;  return s;
}
```

(2) 判空栈

```
int Empty_SeqStack(SeqStack * s)
  { if (s -> top == -1)  return 1;
      else  return 0;
  }
```

(3) 入栈

```
int Push_SeqStack(SeqStack * s,datatype  x)
 {if (s -> top == MAXSIZE - 1)  return 0;          /*栈满不能入栈*/
  else {   s -> top++;
          s -> data[s -> top] = x;
          return 1;
       }
 }
```

（4）出栈

```
int  Pop_SeqStack(SeqStack * s,datatype * x)
  {  if (Empty_SeqStack(s))  return 0;          /* 栈空不能出栈 */
     else
        {  * x = s -> data[s -> top];
           s -> top -- ;  return 1; }          /* 栈顶元素存入 * x,返回 */
  }
```

（5）取栈顶元素

```
datatype  Top_SeqStack(SeqStack * s)
  { if (Empty_SeqStack(s)) return 0;/* 栈空 */
    else return(s -> data[s -> top]);
  }
```

注意以下几点说明：

第一，对于顺序栈，入栈时，首先判断栈是否满了，栈满的条件为：s -> top == MAXSIZE —1，栈满时，不能入栈；否则出现空间溢出，引起错误，这种现象称为上溢。

第二，出栈和读栈顶元素操作，先判栈是否为空，为空时不能操作，否则产生错误。通常栈空时常作为一种控制转移的条件。

2. 两栈共享空间——双端栈

栈的应用非常广泛，经常会出现在一个程序中需要同时使用多个栈的情况。若使用顺序栈，会因为对栈空间大小难以准确估计，从而产生有的栈溢出、有的栈空间还很空闲的情况。为了解决这个问题，可以让多个栈共享一个足够大的数组空间，通过利用栈的动态特性来使其存储空间互相补充，这就是多栈的共享技术。

在栈的共享技术中最常用的是两个栈的共享技术：它主要利用了栈"栈底位置不变，而栈顶位置动态变化"的特性。首先为两个栈申请一个共享的一维数组空间 $S[M]$，将两个栈的栈底分别放在一维数组的两端，分别是 0、$M-1$。两个栈顶动态变化，这样可以形成互补，使每个栈可用的最大空间与实际使用的需求有关。由此可见，两栈共享要比两个栈分别申请 $M/2$ 的空间利用率要高。两栈共享的数据结构定义如下：

```
#define M 100
typedef struct
{
      SElemType data[MAXSIZE];
      int top1;              /* 栈 1 栈顶指针 */
      int top2;              /* 栈 2 栈顶指针 */
}SqDoubleStack;
```

两个栈共享空间的示意如图 3-3 所示。下面给出两个栈共用时的初始化、进栈和出栈操作的算法。

图 3-3　两栈共享空间

算法 3.2　两个栈共用基本操作

```
/*   构造一个空栈 S */
   Status InitStack(SqDoubleStack * S)
   {
        S -> top1 = - 1;
        S -> top2 = MAXSIZE;
        return OK;
   }


   /* 把 S 置为空栈 */
   Status ClearStack(SqDoubleStack * S)
   {
        S -> top1 = - 1;
        S -> top2 = MAXSIZE;
        return OK;
   }


   /* 插入元素 e 为新的栈顶元素 */
   Status Push(SqDoubleStack * S,SElemType e,int stackNumber)
   {
        if (S -> top1 + 1 = = S -> top2)       /* 栈已满,不能再 push 新元素了 */
          return ERROR;
        if (stackNumber = = 1)                 /* 栈 1 有元素进栈 */
          S -> data[ ++S -> top1] = e;         /* 若是栈 1 则先 top1 + 1 后给数组元素赋值 */
        else if (stackNumber = = 2)            /* 栈 2 有元素进栈 */
          S -> data[ -- S -> top2] = e;        /* 若是栈 2 则先 top2 - 1 后给数组元素赋值 */
        return OK;
   }


   /* 若栈不空,则删除 S 的栈顶元素,用 e 返回其值,并返回 OK;否则返回 ERROR */
   Status Pop(SqDoubleStack * S,SElemType * e,int stackNumber)
   {
        if (stackNumber = = 1)
        {
          if (S -> top1 = = - 1)
            return ERROR;                      /* 说明栈 1 已经是空栈,溢出 */
```

```
        * e = S -> data[S -> top1 -- ];      /* 将栈 1 的栈顶元素出栈 */
    }
    else if (stackNumber == 2)
    {
        if (S -> top2 == MAXSIZE)
            return ERROR;                    /* 说明栈 2 已经是空栈,溢出 */
        * e = S -> data[S -> top2 ++ ];      /* 将栈 2 的栈顶元素出栈 */
    }
    return OK;
}
```

思考: 说明读栈顶元素的算法与退栈顶元素的算法的区别,并请写出读栈顶算法。

使用两栈共享,前提是两个栈具有相同的数据类型,并且通常是两个栈的需求有相反的关系,也就是说一个栈增长另一个栈缩短的情况,就像买股票有人赚钱,就会有人赔钱。这样两栈共享存储空间具有较大的意义。

3.1.3 栈的链式存储结构及其基本运算的实现

用链式存储结构实现的栈称为链栈。通常链栈用单链表表示,因此其结点结构与单链表的结构相同,在此用 LinkStack 表示,即有

```
typedef  struct node
    { datatype data;
     struct node * next;
    }StackNode, * LinkStack;
```

说明 top 为栈顶指针:LinkStack top;

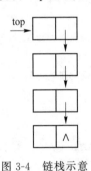

图 3-4 链栈示意

因为栈中的主要运算是在栈顶插入、删除,显然在链表的头部作栈顶是最方便的,而且没有必要像单链表那样为了运算方便附加一个头结点。通常将链栈表示成图 3-4 的形式。

对于链栈来说,基本不存在栈满的情况,除非内存已经没有可以使用的空间了。对于空栈来说,链表原定义头指针为空,链栈的空就是 top=NULL。

栈的大多数操作和单链表相似,只是在插入和删除上特殊一些,链栈基本操作的实现如下。

算法 3.3 链栈基本操作

(1) 置空栈

```
LinkStack  Init_LinkStack()
    { return  NULL;
    }
```

（2）判栈空

```
int  Empty_LinkStack(LinkStack  top)
  { if (top == -1) return 1;
   else  return  0;
  }
```

（3）入栈

```
LinkStack  Push_LinkStack(LinkStack  top,datatype x)
 { StackNode  * s;
    s = malloc(sizeof(StackNode));
    s -> data = x;
    s -> next = top;
    top = s;
    return top;
  }
```

（4）出栈

```
LinkStack  Pop_LinkStack(LinkStack  top,datatype  * x)
  { StackNode  * p;
   if  (top == NULL) return NULL;
   else { * x = top -> data;
          p = top;
          top = top -> next;
          free(p);
          return  top;
       }
  }
```

对比一下顺序栈和链栈,在时间复杂度上是相同的,都是 $O(1)$。在空间使用上,顺序栈需要事先估计空间大小,如果用不完就会浪费空间;链栈不必事先估计大小,但是每个元素都要多申请一个辅助空间存储指针。所以两种存储方式各有利弊,如果栈在使用时元素变化很大,有时很多,有时很少,这时适合用链栈;如果栈在使用时元素在可控范围内,适合使用顺序栈。

3.2 栈的应用实例

由于栈的"先进后出"特点,在很多实际问题中都利用栈作一个辅助的数据结构来进行求解,下面通过几个例子进行说明。

3.2.1 数制转换问题

将十进制数 N 转换为 r 进制的数,其转换方法为辗转相除法:以 $N=3\,456,r=8$ 为例,转换方法如下：

N	$N/8$（整除）	N ％ 8（求余）	
3467	433	3	低
433	54	1	
54	6	6	
6	0	6	高

所以：$(3456)_{10} = (6563)_8$。

我们看到所转换的八进制数是按从低位到高位的顺序产生的，而通常的输出是从高位到低位的，恰好与计算过程相反，因此转换过程中每得到一位八进制数则进栈保存，转换完毕后依次出栈则正好是转换结果。

算法思想如下：当 $N>0$ 时重复(1)和(2)。

(1) 若 $N\neq0$，则将 N ％ r 压入栈 s 中，执行(2)；若 $N=0$，将栈 s 的内容依次出栈，算法结束。

(2) 用 N/r 代替 N。

算法 3.4　数制转换

```
算法 3.4(a):                            算法 3.4(b):
typedef  int datatype;                 ＃define L  10
void conversion(int N,int r)           void conversion(int N,int r)
{ SeqStack  s;                         {  int  s[L],top;    /＊定义一个顺序栈＊/
  datetype  x;                            int  x;
  Init_SeqStack(&s);                      top=-1;          /＊初始化栈＊/
  while(N)                               while(N)
    { Push_SeqStack(&s,N % r);           { s[++top]=N％r;   /＊余数入栈 ＊/
      N=N/r;                               N=N / r;        /＊商作为被除数继续 ＊/
    }                                    }
  while  (Empty_SeqStack(& s))          while(top! =-1)
    { Pop_SeqStack(&s,&x);               {x=s[top--];
      printf(" % d",x);                   printf(" % d",x);
    }                                    }
}                                      }
```

算法 3.4(a)是将对栈的操作抽象为模块调用，使问题的层次更加清楚。而算法 3.4(b)是直接用 int 向量 S 和 int 变量 top 作为一个栈来使用。往往初学者将栈视为一个很复杂的东西，不知道如何使用，通过这个例子可以消除栈的"神秘"。当应用程序中需要与数据保存时相反顺序使用数据时，就要想到栈。通常用顺序栈较多，因为很便利。

在后面的例子中，为了在算法中表现出问题的层次，有关栈的操作调用了相关函数，像算法 3.4(a)那样，对余数的入栈操作：Push_SeqStack(& s, N ％ r)；因为是用 C 语言描述，第一个参数是栈的地址才能对栈进行加工。在后面的例子中，为了算法的清楚易读，在不至于混淆的情况下，不再加地址运算符，请读者注意。

3.2.2 迷宫的求解

问题:这是实验心理学中的一个经典问题,心理学家把一只老鼠从一个无顶盖的大盒子的入口处赶进迷宫。迷宫中设置很多隔壁,对前进方向形成了多处障碍,心理学家在迷宫的唯一出口处放置了一块奶酪,吸引老鼠在迷宫中寻找通路以到达出口。

求解思想:回溯法是一种不断试探且及时纠正错误的搜索方法。下面的求解过程采用回溯法。从入口出发,按某一方向向前探索,若能走通(未走过的),即某处可以到达,则到达新点,否则试探下一方向;若所有的方向均没有通路,则沿原路返回前一点,换下一个方向再继续试探,直到所有可能的通路都探索到,或找到一条通路,或无路可走又返回到入口点。

在求解过程中,为了保证在到达某一点后不能向前继续行走(无路)时,能正确返回前一点以便继续从下一个方向向前试探,则需要用一个栈保存所能够到达的每一点的下标及从该点前进的方向。

需要解决的四个问题如下。

1. 表示迷宫的数据结构

设迷宫为 m 行 n 列,利用 maze[m][n] 来表示一个迷宫,maze[i][j]=0 或 1,其中 0 表示通路,1 表示不通。当从某点向下试探时,中间点有 8 个方向可以试探(见图 3-5),而 4 个角点有 3 个方向,其他边缘点有 5 个方向。为使问题简单化,我们用 maze[m+2][n+2] 来表示迷宫,而迷宫的四周的值全部为 1。这样做使问题简单了,每个点的试探方向全部为 8,不用再判断当前点的试探方向有几个,同时与迷宫周围是墙壁这一实际问题相一致。

图 3-5 表示的迷宫是一个 $6×8$ 的迷宫。入口坐标为(1,1),出口坐标为(6,8)。

	0	1	2	3	4	5	6	7	8	9
0	1	1	1	1	1	1	1	1	1	1
1	1	0	1	1	1	0	1	1	1	1
2	1	1	0	1	0	1	1	1	1	1
3	1	0	1	0	0	0	0	0	1	1
4	1	0	1	1	1	1	1	1	1	1
5	1	1	0	0	1	1	0	0	0	1
6	1	0	1	1	0	0	1	1	0	1
7	1	1	1	1	1	1	1	1	1	1

图 3-5 用 maze[m+2][n+2] 表示的迷宫

迷宫的定义如下:

```
#define  m  6    /* 迷宫的实际行   */
#define  n  8    /* 迷宫的实际列 */
int maze[m+2][n+2];
```

2. 试探方向

在上述表示迷宫的情况下,每个点有 8 个方向去试探,如当前点的坐标(x,y),与其相邻的 8 个点的坐标都可根据与该点的相邻方位而得到,如图 3-6 所示。因为出口在(m,n),因此试探顺序规定为:从当前位置向前试探的方向为从正东沿顺时针方向进行。为了简化问题,方便求出新点的坐标,将从正东开始沿顺时针进行的这 8 个方向的坐标增量放在一个结构数组 move [8]中,在 move 数组中,每个元素由两个域组成,x 为横坐标增量,y 为纵坐标增量。move 数组如图 3-7 所示。

move 数组定义如下:

```
typedef  struct
   { int x,y
   } item;
item move[8];
```

这样对 move 的设计会很方便地求出从某点(x,y) 按某一方向 $v(0 \leqslant v \leqslant 7)$ 到达的新点(i,j)的坐标:

i＝x＋move[v].x； j＝y＋move[v].y；

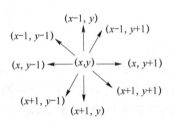

图 3-6 与点(x,y)相邻的 8 个点及坐标

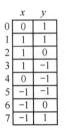

图 3-7 增量数组 move

3. 栈的设计

当到达了某点而无路可走时需返回前一点,再从前一点开始向下一个方向继续试探。因此,压入栈中的不仅是顺序到达的各点的坐标,而且还要有从前一点到达本点的方向。对于图 3-5 所示迷宫,依次入栈如图 3-8 所示。

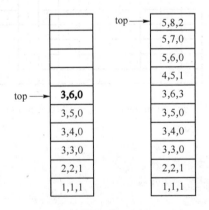

图 3-8 入栈顺序图

栈中每一组数据是所到达的每点的坐标及从该点沿哪个方向向下走的,对于图 3-5 所示迷宫,走的路线为:$(1,1)_1 \rightarrow (2,2)_1 \rightarrow (3,3)_0 \rightarrow (3,4)_0 \rightarrow (3,5)_0 \rightarrow (3,6)_0$(下脚标表示方向),当从点$(3,6)$沿方向 0 到达点$(3,7)$之后,无路可走,则应回溯,即退回到点$(3,6)$,对应的操作是出栈,沿下一个方向即方向 1 继续试探,方向 1、2 试探失败,在方向 3 上试探成功,

因此将(3,6,3)压入栈中,即到达了(4,5)点。

栈中元素是一个由行、列、方向组成的三元组,栈元素的设计如下:

```
typedef struct
    {int x,y,d;/* 横纵坐标及方向 */
    }datatype;
```

栈的定义仍然为:SeqStack   s;。

4. 防止重复到达某点

如何防止重复到达某点,以避免发生死循环。一种方法是另外设置一个标志数组 mark$[m][n]$,它的所有元素都初始化为 0,一旦到达了某一点(i,j)之后,使 mark$[i][j]$置 1,下次再试探这个位置时就不能再走了。另一种方法是当到达某点(i,j)后使 maze$[i][j]$置-1,以便区别未到达过的点,同样也能起到防止走重复点的目的。本书采用后者方法,算法结束前可恢复原迷宫。

迷宫求解算法思想如下:

(1) 栈初始化;

(2) 将入口点坐标及到达该点的方向(设为-1)入栈;

(3) while(栈不空)

```
{栈顶元素 =>(x,y,d)
出栈;
求出下一个要试探的方向 d++;
while  (还有剩余试探方向时)
   { if  (d方向可走)
       则{ (x,y,d)入栈;
              求新点坐标  (i,j);
              将新点(i,j)切换为当前点(x,y);
              if  ((x,y)==(m,n))结束;
              else 重置 d=0;
           }
       else  d++;
   }
}
```

算法 3.5   迷宫求解

```
int   path(maze,move)
 int maze[m][n];
 item move[8];
{ SeqStack   s;
  datatype   temp;
  int x,y,d,i,j;
  temp.x = 1;  temp.y = 1;  temp.d = -1;
  Push_SeqStack(s,temp);
```

```
        while(!Empty_SeqStack(s))
          {  Pop_SeqStack(s,&temp);
            x=temp.x；  y=temp.y；  d=temp.d+1;
            while  (d<8)
              {  i=x+move[d].x；  j=y+move[d].y;
                if  (maze[i][j]==0)
                  {  temp={x,y,d};
                    Push_SeqStack(s,temp);
                    x=i；  y=j；  maze[x][y]=-1;
                    if  (x==m&&y==n)  return 1; /*迷宫有路*/
                    else  d=0;
                  }
                  else  d++;
              } /*while(d<8)*/
          }  /*while*/
      return  0;/*迷宫无路*/
  }
```

栈中保存的就是一条迷宫的通路。

3.2.3 表达式求值

表达式求值是程序设计语言编译中一个最基本的问题。它的实现也是需要栈的加入。下面的算法是由算符优先法对表达式求值。

表达式是由运算对象、运算符、括号组成的有意义的式子。运算符从运算对象的个数上分，有单目运算符和双目运算符；从运算类型上分，有算术运算、关系运算、逻辑运算。在此仅限于讨论只含二目运算符的算术表达式。

1. 中缀表达式求值

中缀表达式：每个二目运算符在两个运算量的中间，假设所讨论的算术运算符包括：＋、－、＊、/、％、ˆ（乘方）和括号()。

设运算规则为：

- 运算符的优先级为：()→ ˆ →＊、/、％→＋、－；
- 有括号出现时先算括号内的，后算括号外的，多层括号，由内向外进行；
- 乘方连续出现时先算最右面的。

表达式作为一个满足表达式语法规则的串存储，如表达式"3＊2ˆ(4＋2＊2－1＊3)－5"，它的求值过程为：自左向右扫描表达式，当扫描到3＊2时不能马上计算，因为后面可能还有更高的运算。正确的处理过程是：需要两个栈，即对象栈s1和算符栈s2。当自左至右扫描表达式的每一个字符时，若当前字符是运算对象，入对象栈，是运算符时，若这个运算符比栈顶运算符高则入栈，继续向后处理，若这个运算符比栈顶运算符低，则从对象栈出栈两个运算量，从算符栈出栈一个运算符进行运算，并将其运算结果入对象栈，继续处理当前字符，直到遇到结束符。

根据运算规则，左括号"("在栈外时它的级别最高，而进栈后它的级别则最低了；乘方运算的结合性是自右向左，所以它的栈外级别高于栈内。也就是说，有的运算符栈内栈外的级别是不同的。当遇到右括号")"时，一直需要对运算符栈出栈，并且作相应的运算，直到遇到栈顶为左括号"("时,将其出栈,因此右括号")"级别最低但它是不入栈的。对象栈初始化为空,为了使表达式中的第一个运算符入栈,算符栈中预设一个最低级的运算符"("。根据以上分析,每个运算符栈内、栈外的级别如下:

算符	栈内级别	栈外级别
∧	3	4
* 、/ 、%	2	2
+ 、-	1	1
(	0	4
)	-1	-1

中缀表达式表达式"3 * 2^(4+2 * 2-1 * 3)-5"求值过程中两个栈的状态情况如表 3-1 所示。

表 3-1 中缀表达式 3 * 2^(4+2 * 2-1 * 3)-5 的求值过程

读字符	对象栈 s1	算符栈 s2	说明
3	3	(	3 入栈 s1
*	3	(*	* 入栈 s2
2	3,2	(*	2 入栈 s1
^	3,2	(* ^	^入栈 s2
(	3,2	(* ^(	(入栈 s2
4	3,2,4	(* ^(	4 入栈 s1
+	3,2,4	(* ^(+	+入栈 s2
2	3,2,4,2	(* ^(+	2 入栈 s1
*	3,2,4,2	(* ^(+ *	* 入栈 s2
2	3,2,4,2,2	(* ^(+ *	2 入栈 s1
	3,2,4,4	(* ^(+	计算 2+2=4,结果入栈 s1
-	3,2,8	(* ^(	计算 4+4=8,结果入栈 s2
	3,2,8	(* ^(-	-入栈 s2
1	3,2,8,1	(* ^(-	1 入栈 s1
*	3,2,8,1	(* ^(- *	* 入栈 s2
3	3,2,8,1,3	(* ^(- *	3 入栈 s1
	3,2,8,3	(* ^(-	计算 1 * 3,结果 3 入栈 s1
)	3,2,5	(* ^(	计算 8-3,结果 5 入栈 s2
	3,2,5	(* ^	(出栈
	3,32	(*	计算 2^5,结果 32 入栈 s1
-	96	(	计算 3 * 32,结果 96 入栈 s1
	96	(-	-入栈 s2
5	96,5	(-	5 入栈 s1
结束符	91	(	计算 96-5,结果 91 入栈 s1

为了处理方便,编译程序常把中缀表达式首先转换成等价的后缀表达式,后缀表达式的运算符在运算对象之后。在后缀表达式中,不再引入括号,所有的计算按运算符出现的顺序,严格从左向右进行,而不用再考虑运算规则和级别。中缀表达式"$3*2\hat{}(4+2*2-1*3)-5$"的后缀表达式为"$32422*+13*-\hat{}5-$"。

2.后缀表达式求值

计算一个后缀表达式,算法上比计算一个中缀表达式简单得多。这是因为表达式中既无括号又无优先级的约束。具体做法是:只使用一个对象栈,当从左向右扫描表达式时,每遇到一个操作数就送入栈中保存,每遇到一个运算符就从栈中取出两个操作数进行当前的计算,然后把结果再入栈,直到整个表达式结束,这时送入栈顶的值就是结果。

下面是后缀表达式求值的算法,在下面的算法中假设,每个表达式是合乎语法的,并且假设后缀表达式已被存入一个足够大的字符数组 A 中,且以'#'为结束字符,为了简化问题,限定运算数的位数仅为一位且忽略了数字字符串与相对应的数据之间的转换的问题。

算法 3.6　表达式求值

```
typedef  char datetype;
double  calcul_exp(char * A)
{      /* 本函数返回由后缀表达式 A 表示的表达式运算结果 */
  Seq_Starck  s;
  ch = * A++; Init_SeqStack(s);
  while(ch != '#')
     {
       if  (ch! = 运算符)  Push_SeqStack(s,ch);
       else { Pop_SeqStack(s,&a);
              Pop_SeqStack(s,&b);/* 取出两个运算量 */
              switch(ch).
                { case ch=='+':   c = a+b; break;
                  case ch=='-':   c = a-b; break;
                  case ch=='*':   c = a*b; break;
                  case ch=='/':   c = a/b; break;
                  case ch=='%':   c = a%b; break;
                }
              Push_SeqStack(s,c);
            }
       ch = * A++;
     }
  Pop _SeqStack(s,result);
  return  result;
}
```

栈中状态变化情况如表 3-2 所示。

表 3-2   后缀表达式求值过程

当前字符	栈中数据	说明
3	3	3 入栈
2	3,2	2 入栈
4	3,2,4	4 入栈
2	3,2,4,2	2 入栈
2	3,2,4,2,2	2 入栈
*	3,2,4,4	计算 2 * 2,将结果 4 入栈
+	3,2,8	计算 4+4,将结果 8 入栈
1	3,2,8,1	1 入栈
3	3,2,8,1,3	3 入栈
*	3,2,8,3	计算 1 * 3,将结果 4 入栈
—	3,2,5	计算 8—5,将结果 5 入栈
^	3,32	计算 2^5,将结果 32 入栈
*	96	计算 3 * 32,将结果 96 入栈
5	96,5	5 入栈
—	96	计算 96—5,结果入栈
结束符	空	结果出栈

3. 中缀表达式转换成后缀表达式

将中缀表达式转化为后缀表达式与前述对中缀表达式求值的方法完全类似,但只需要运算符栈,遇到运算对象时直接放后缀表达式的存储区,假设中缀表达式本身合法且在字符数组 A 中,转换后的后缀表达式存储在字符数组 B 中。具体做法为:遇到运算对象顺序向存储后缀表达式的 B 数组中存放,遇到运算符时类似于中缀表达式求值时对运算符的处理过程,但运算符出栈后不是进行相应的运算,而是将其送入 B 中存放。读者不难写出算法,在此不再赘述。

3.2.4 栈与递归

栈的一个重要应用是在程序设计语言中实现递归过程。现实中,有许多实际问题是递归定义的,这时用递归方法可以使许多问题的结果大大简化。下面以 $n!$ 为例。

$n!$ 的定义为:

$$n! = \begin{cases} 1 & n=0 \quad /* 递归终止条件 */ \\ n(n-1) & n>0 \quad /* 递归步骤 */ \end{cases}$$

根据定义可以写出相应的递归函数:

```
int fact(int n)
    {   if (n==0)  return 1;
        else return  (n * fact(n-1));
    }
```

递归函数都有一个终止递归的条件，如上例 $n=0$ 时，将不再继续递归下去。

递归函数的调用类似于多层函数的嵌套调用，只是调用单位和被调用单位是同一个函数而已。在每次调用时系统将属于各个递归层次的信息组成一个活动记录（activation record），这个记录中包含着本层调用的实参、返回地址、局部变量等信息，并将这个活动记录保存在系统的"递归工作栈"中，每当递归调用一次，就要在栈顶为过程建立一个新的活动记录，一旦本次调用结束，则将栈顶活动记录出栈，根据获得的返回地址信息返回到本次的调用处。下面以求 3! 为例说明执行调用时工作栈中的状况。

为了方便将求阶乘程序修改如下。

算法 3.7　求阶乘程序

```
main()
  { int m,n = 3;
   m = fact(n);
   R1:
   printf(" % d! = % d\n",n,m);
  }


  int fact(int n)
  {  int  f;
    if (n == 0)  f = 1;
    else f = n * fact(n - 1);
  R2:
    return f  ;
  }
```

函数调用过程如图 3-9 所示。其中 R1 为主函数调用 fact(3) 时返回点地址，R2 为 fact 函数中递归调用 fact(2) 时返回点地址。

	参数	返回地址
fact(0)		
fact(1)	1	R2
fact(2)	2	R2
fact(3)	3	R1

图 3-9　递归工作栈示意

程序的执行过程可用图 3-10 来示意。

设主函数中 $n=3$：

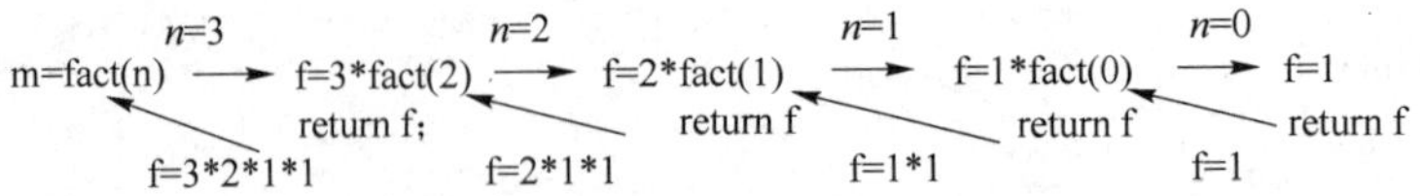

图 3-10　fact(3) 的执行过程

3.3 队 列

3.3.1 队列的定义及基本运算

前面所讲的栈是一种后进先出的数据结构,而在实际问题中还经常使用一种"先进先出"(First In First Out,FIFO)的数据结构,即插入在表一端进行,而删除在表的另一端进行,我们将这种数据结构称为队或队列,把允许插入的一端叫队尾(rear),把允许删除的一端叫队头(front)。图 3-11 所示是一个有 5 个元素的队列。入队的顺序依次为 a_1、a_2、a_3、a_4、a_5,出队时的顺序将依然是 a_1、a_2、a_3、a_4、a_5。

图 3-11 队列示意

显然,队列也是一种运算受限制的线性表,所以又叫先进先出表。

在日常生活中队列的例子很多,如排队买东西,排头的买完后走掉,新来的排在队尾。在队列上进行的基本操作如下。

(1) 队列初始化:Init_Queue(q)

初始条件:队 q 不存在。

操作结果:构造了一个空队。

(2) 入队操作:In_Queue(q,x)

初始条件:队 q 存在。

操作结果:对已存在的队列 q,插入一个元素 x 到队尾,队发生变化。

(3) 出队操作:Out_Queue(q,x)

初始条件:队 q 存在且非空。

操作结果:删除队首元素,并返回其值,队发生变化。

(4) 读队头元素:Front_Queue(q,x)

初始条件:队 q 存在且非空。

操作结果:读队头元素,并返回其值,队不变。

(5) 判队空操作:Empty_Queue(q)

初始条件:队 q 存在。

操作结果:若 q 为空队则返回为 1,否则返回为 0。

3.3.2 队列的顺序存储结构及其基本运算的实现

与线性表、栈类似,队列也有顺序存储和链式存储两种存储方法。我们先来学习一下队列的顺序存储结构及其基本运算的实现。

顺序存储的队称为顺序队。因为队的队头和队尾都是活动的,因此除了队列的数据区外还有队头、队尾两个指针。

队头指针:sq-> front,队头指针指向队头元素位置;队尾指针:sq-> rear,队尾指针指向队尾元素下一个位置（这样的设置是为了某些运算的方便，并不是唯一的方法）。

在不考虑溢出的情况下，入队操作元素入队，队尾指针加 1；在不考虑队空的情况下，出队操作队头指针加 1，表明队头元素出队。入队出队示意图如图 3-12 所示，设 MAXSIZE＝10。

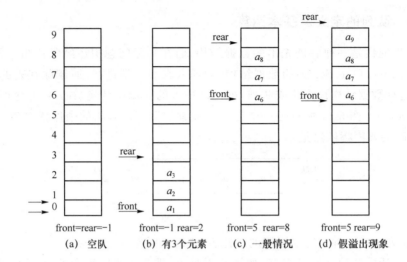

图 3-12　队列操作示意图

从图中可以看到，随着入队出队的进行，整个队列整体向后移动，这样就出现了图 3-12(d)中的现象：队尾指针已经移到了最后，再有元素入队就会出现溢出，而事实上此时队中并未真的"满员"，这种现象为"假溢出"，这是由于"队尾入队头出"这种受限制的操作所造成的。解决假溢出的方法之一是将队列的数据区 data[0..MAXSIZE-1]看成头尾相接的循环结构，头尾指针的关系不变。

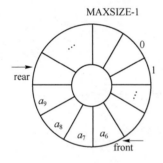

图 3-13　循环队列示意图

我们将队列的这种头尾相接的顺序存储结构称为循环队列，循环队列的示意图如图 3-13 所示。

因为是头尾相接的循环结构，入队时的队尾指针加 1 操作修改为：

```
sq -> rear = (sq -> rear + 1) % MAXSIZE;
```

出队时的队头指针加 1 操作修改为：

```
sq -> front = (sq -> front + 1) % MAXSIZE;
```

设 MAXSIZE＝10，图 3-14 为循环队列操作示意图。

从图 3-14 所示的循环队可以看出，图 3-14(a)中具有 a_5、a_6、a_7、a_8 四个元素，此时 front＝5，rear＝9；随着 $a_9 \sim a_{14}$ 相继入队，队中具有了 10 个元素——队满，此时 front＝5，rear＝5，如图 3-14(b)所示，可见在队满情况下有：front＝＝rear。

若在图 3-14(a)情况下，$a_5 \sim a_8$ 相继出队，此时队空，front＝9，rear＝9，如图 3-14(c)所示，即在队空情况下也有：front＝＝rear。就是说"队满"和"队空"的条件是相同的了。这显然是必须要解决的一个问题。

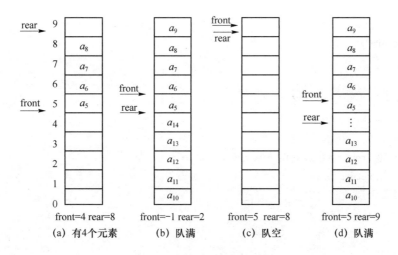

图 3-14　循环队列操作示意图

　　方法一:附设一个存储队中元素个数的变量如 num,当 num==0 时队空,当 num==MAXSIZE 时为队满。

　　方法二:少用一个元素空间,把图 3-14(d)所示的情况视为队满,此时的状态是队尾指针加 1 就会从后面赶上队头指针,这种情况下队满的条件是:(rear+1) % MAXSIZE==front,也能和空队区别开。

　　下面的循环队列及操作按第一种方法实现。

　　算法 3.8　循环队列及操作

```
/*循环队列的顺序存储结构 */
typedef struct
{
    QElemType data[MAXSIZE];
    int front;              /* 头指针 */
    int rear;              /* 尾指针,若队列不空,指向队列尾元素的下一个位置 */
}SqQueue;


/*初始化一个空队列Q */
Status InitQueue(SqQueue * Q)
{
    Q-> front = 0;
    Q-> rear = 0;
    return  OK;
}


/*将Q清为空队列 */
Status ClearQueue(SqQueue * Q)
{
```

```
        Q -> front = Q -> rear = 0;
        return OK;
}


/ * 若队列 Q 为空队列,则返回 TRUE,否则返回 FALSE * /
Status QueueEmpty(SqQueue Q)
{
    if (Q. front == Q. rear) / * 队列空的标志 * /
        return TRUE;
    else
        return FALSE;
}


/ * 若队列不空,则用 e 返回 Q 的队头元素,并返回 OK,否则返回 ERROR * /
Status GetHead(SqQueue Q,QElemType * e)
{
    if (Q. front == Q. rear) / * 队列空 * /
        return ERROR;
    * e = Q. data[Q. front];
        return OK;
}


/ * 若队列未满,则插入元素 e 为 Q 新的队尾元素 * /
Status EnQueue(SqQueue * Q,QElemType e)
{
    if ((Q -> rear + 1) % MAXSIZE == Q -> front)       / * 队列满的判断 * /
        return ERROR;
    Q -> data[Q -> rear] = e;                          / * 将元素 e 赋值给队尾 * /
    Q -> rear = (Q -> rear + 1) % MAXSIZE;             / * rear 指针向后移一位置, * /
                                                        / * 若到最后则转到数组头部 * /
    return  OK;
}


/ * 若队列不空,则删除 Q 中队头元素,用 e 返回其值 * /
Status DeQueue(SqQueue * Q,QElemType * e)
{
    if (Q -> front == Q -> rear)                        / * 队列空的判断 * /
        return ERROR;
    * e = Q -> data[Q -> front];                        / * 将队头元素赋值给 e * /
    Q -> front = (Q -> front + 1) % MAXSIZE;            / * front 指针向后移一位置, * /
                                                        / * 若到最后则转到数组头部 * /
```

```
    return OK;
}
```

3.3.3 队列的链式存储结构及其基本运算的实现

链式存储的队列称为链队列。和链栈类似,用单链表来实现链队,根据队的 FIFO 原则,为了操作上的方便,我们分别需要一个头指针和尾指针,如图 3-15 所示。

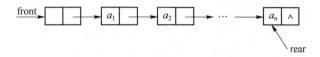

图 3-15 链队示意图

图 3-15 中头指针 front 和尾指针 rear 是两个独立的指针变量,从结构性上考虑,通常将二者封装在一个结构中。

链队的描述如下:

```
ttypedef struct QNode        /* 结点结构 */
{
    QElemType data;
    struct QNode * next;
}QNode, * QueuePtr;


typedef struct               /* 队列的链表结构 */
{
    QueuePtr front,rear;     /* 队头、队尾指针 */
}LinkQueue;                  /* 定义一个指向链队的指针 */
```

按这种思想建立的带头结点的链队如图 3-16 所示。

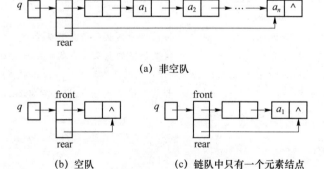

(a) 非空队

(b) 空队   (c) 链队中只有一个元素结点

图 3-16 头尾指针封装在一起的链队

链队列的基本运算与单链表相似,只是在操作上有特殊的地方,算法如下。

算法 3.9　链队列的基本运算

```
/*构造一个空队列 Q */
Status InitQueue(LinkQueue * Q)
{
    Q-> front = Q-> rear = (QueuePtr)malloc(sizeof(QNode));
    if (!Q-> front)
            exit(OVERFLOW);
    Q-> front -> next = NULL;
    return OK;
}


/*插入元素 e 为 Q 的新的队尾元素 */
Status EnQueue(LinkQueue * Q,QElemType e)
{
    QueuePtr s = (QueuePtr)malloc(sizeof(QNode));
    if (!s)                        /*存储分配失败 */
            exit(OVERFLOW);
    s -> data = e;
    s -> next = NULL;
    Q-> rear -> next = s;          /* 把拥有元素 e 的新结点 s 赋值给原队尾结点的后继 */
    Q-> rear = s;                  /* 把当前的 s 设置为队尾结点,rear 指向 s */
    return OK;
}

/*若队列不空,删除 Q 的队头元素,用 e 返回其值,并返回 OK,否则返回 ERROR */
Status DeQueue(LinkQueue * Q,QElemType * e)
{
    QueuePtr p;
    if (Q-> front == Q-> rear)
            return ERROR;
    p = Q-> front -> next;         /* 将欲删除的队头结点暂存给 p */
    * e = p-> data;                /* 将欲删除的队头结点的值赋值给 e */
    Q-> front -> next = p-> next;  /*将原队头结点的后继 p-> next 赋值给头结点后继 */
    if (Q-> rear == p)             /* 若队头就是队尾,则删除后将 rear 指向头结点/
            Q-> rear = Q-> front;
    free(p);
    return OK;
}
```

　　顺序循环队列和链队列在算法实现上时间复杂度都是 $O(1)$；在存储空间上,若之前固定了存储的长度,适合使用顺序循环队列;若长度不确定,适合使用链队列。

本 章 小 结

本章主要介绍了栈和队列的定义特点、循环队(队空队满)条件、根据栈队定义判断插入删除元素的位置以及出入栈、出入队的顺序,重点掌握在顺序栈和链栈上实现的栈的基本运算,特别注意栈满和栈空的条件和对它们的描述,掌握在循环队列和链队列上实现的基本运算,特别注意队满和队空的描述方法。

练 习 题

一、选择题部分

1. 一个栈的入栈序列是 $abcde$,则栈的不可能的输出序列是(　　)。

A. $edcba$　　　　B. $decba$　　　　C. $dceab$　　　　D. $abcde$

2. 栈结构通常采用的两种存储结构是(　　)。

A. 线性存储结构和链表存储结构　　　B. 散列方式和索引方式

C. 链表存储结构和数组　　　　　　　D. 线性存储结构和非线性存储结构

3. 判定一个栈 ST(最多元素为 m0)为空的条件是(　　)。

A. ST -> top! =0　　　　　　　　　B. ST -> top==0

C. ST -> top! =m0　　　　　　　　　D. ST -> top==m0

4. 判定一个栈 ST(最多元素为 m0)为栈满的条件是(　　)。

A. ST -> top! =0　　　　　　　　　B. ST -> top==0

C. ST -> top! =m0−1　　　　　　　D. ST -> top==m0−1

5. 一个队列的入列序列是 1,2,3,4,则队列的输出序列是(　　)。

A. 4,3,2,1　　　B. 1,2,3,4　　　C. 1,4,3,2　　　D. 3,2,4,1

6. 循环队列用数组 $A[0,m-1]$ 存放其元素值,已知其头尾指针分别是 front 和 rear,则当前队列中的元素个数是(　　)。

A. $(rear-front+m)\%m$　　　　　B. $rear-front+1$

C. $rear-front-1$　　　　　　　　D. $rear-front$

7. 栈和队列的共同点是(　　)。

A. 都是先进后出

B. 都是先进先出

C. 只允许在端点处插入和删除元素

D. 没有共同点

8. 表达式 a * (b+c)−d 的后缀表达式是(　　)。

A. abcd * +−　　　B. abc+ * d−　　　C. abc * +d−　　　D. −+ * abcd

9. 4 个元素 a_1,a_2,a_3 和 a_4 依次通过一个栈,则不可能的出栈序列是(　　)。

A. a_4,a_3,a_2,a_1　　　　　　　　B. a_3,a_2,a_4,a_1

C. a_3,a_1,a_4,a_2　　　　　　　　D. a_3,a_4,a_2,a_1

10. 以数组 $Q[0..m-1]$ 存放循环队列中的元素,变量 rear 和 qulen 分别指示循环队中队尾元素的实际位置和当前队列中元素的个数,队列第一个元素的实际位置是(　　　)。

A. rear－qulen

B. rear－qulen＋m

C. m－qulen

D. 1＋(rear＋m－qulen)％m

二、填空题部分

1. 栈的特点是_____,队列的特点是_____。

2. 线性表、栈和队列都是_____结构,可以在线性表的_____位置插入和删除元素,对于栈只能在_____插入和删除元素,对于队列只能在_____插入元素和_____删除元素。

3. 一个栈的输入序列是 12345,则栈的输出序列 12345 是_____。

三、简答题

1. 什么是栈?什么是队列?试分别举两个应用实例。

2. 说明线性表、栈和队列的异同点。

3. 设有编号为 1,2,3,4 的 4 辆列车,顺序进入一个栈式结构的车站,具体写出这 4 辆列车开出车站的所有可能的顺序。

4. 假设正读和反读都相同的字符序列为"回文",例如,'abba'和'abcba'是回文,'abcde' 和'ababab'则不是回文。假设一字符序列已存入计算机,请分析用线性表、堆栈和队列等方式正确输出其回文的可能性?

5. 顺序队的"假溢出"是怎样产生的?如何知道循环队列是空还是满?

6. 设循环队列的容量为 40(序号 0～39),现经过一系列的入队和出队运算后,有

① front＝11,rear＝19;

② front＝19,rear＝11;

问在这两种情况下,循环队列中各有元素多少个?

7. 试述栈的基本性质。

8. 设输入元素为 1,2,3,P 和 A,输入次序为 123PA。元素入栈后得到输出序列,有哪些序列可以作为高级语言的变量名?

9. 内存中一片连续空间(不妨假设地址从 1 到 m)提供给两个栈 s1 和 s2 使用,怎样分配这部分存储空间,使得对任一个栈,仅当这部分空间全满时才发生上溢。

10. 计算表达式"6 ＊ 3/2－5 ＊ 1",要求绘出堆栈的处理过程。

第4章 串

学习目标

串虽然是一种线性结构,然而和线性表不同的是,串的操作特点是一次操作一个子串。串可以用顺序存储结构和链式存储结构存储,而串的顺序存储结构空间效率和时间效率都更高。模式匹配是串最重要的一个操作。Brute-Force 和 KMP 算法是两种最经常使用的串的模式匹配算法。

知识要点

(1) 串的定义和功能要求。

(2) 串的存储结构和实现。

(3) 串的模式匹配算法(无回溯的模式匹配算法,会计算 NEXT 数组并进行改进)。

4.1 串的基本概念

第 2 章讲述了数据结构中线性表的概念,而本章所述的串又叫字符串,实际上就是一种特殊的线性表。它是非数值计算问题所要处理的主要对象之一。串这种数据结构在很多领域有非常广泛的使用,比如文本编辑、符号处理等。许多应用软件中都有串的应用。例如,微软公司 Word 工具软件的操作对象就是用户建立的、其内容为一个串的文件。因此,在许多高级程序设计语言中,字符串已成为必不可少的数据类型。

4.1.1 串的基本概念

1. 串的定义

串是由 $n(n \geqslant 0)$ 个字符组成的有限序列。一般表示为

$$s = "a_0 a_1 a_2 \cdots a_{n-1}"$$

其中,s 为串名;n 为串的长度;""为字符串的定界符;由定界符引起来的字符序列为串值;$a_i(0 \leqslant i \leqslant n-1)$ 为串中的字符,可以是字母、数字及其他 ASCII 字符。

2. 串的术语

长度为零的串称为空串,表示串中不包含任何字符。通常用"Φ"表示。

由一个或多个空格组成的串称为空格串。空格串依然有长度,因此它不是空串。

由串中任意连续字符组成的子序列称为子串,而包含子串的串称为该子串的主串。空串是任意串的子串。

单个字符在字符串中的序号（大于或等于 0 的整数）称为该字符在串中的位置，而子串的第一个字符在主串中的位置称为子串的位置。

若两个串的长度相等且对应位置上的字符也相等，则称两个串相等。

例如，以下 4 个字符串：

```
S1 = Φ

S2 = " "

S3 = "Data Structure"

S4 = "Struct"

S5 = "data Structure"
```

其中，S1 是空串，S2 是空格串，S4 是 S3 的一个子串，S4 在 S3 中的位置是 6，S3 与 S4 串不相等。另外，要注意的是，26 个字母的字符有大写和小写之分，大写字母字符和小写字母字符是不同的字符，因此上述 S3 和 S5 不相等。

在 C 语言中，表示一个串值时用一对双引号把串值括起来，但双引号本身不属于串，双引号的作用只是为了避免与其他符号混淆。

虽然串是由字符组成的，但串和字符是两个不同的概念。串是长度不确定的字符序列，而字符只是一个字符。因此即使是长度为 1 的串也和字符不同。例如，串"a"和'a'（字符通常用单引号括起来）就是两个不同的概念。因为串"a"不仅要存储字符'a'，还要存储该串的长度数据；而字符'a'只需存储字符'a'，不需要存储长度数据。

3. 串的逻辑结构

串的逻辑结构和线性表相同，正如本章开始所讲，串其实就是一种特殊的线性表，但串和一般的线性表不同的地方具体体现在：

- 线性表的数据元素类型可以是任意数据类型，而串的数据元素只能是字符类型；
- 线性表一次操作一个数据元素，而串一次操作多个数据元素，即以子串为操作单位。

因此，以上正是串的逻辑结构的特点。

4.1.2 串的抽象数据类型

1. 数据集合

串的数据集合可以表示为字符序列 $s_0, s_1, \cdots, s_{n-1}$，每个数据元素的数据类型为字符类型。

2. 操作集合

为方便说明问题，我们先定义如下几个串：

```
S1 = "I am a student"

S2 = "student"

S3 = "teacher"

S4 = "I am a teacher"
```

（1）赋值 Assign(S,T)：把串 T 的值赋给串 S。

（2）求长度 Length(S)：求串 S 的长度。

例如，Length(S1)＝14，Length(S2)＝7。

（3）比较 Compare(S4,S1)＝1。这是由于当比较到第 7 个字符时，字符't'的 ASCII 码值大于字符's'的 ASCII 码值，所以函数返回 1。

（4）插入 Insert(S,pos,T)：若参数满足约束条件 0≤pos≤Length(S)，则在串 S 的第 pos 个字符前插入串 T，串 S 的新长度为 Length(S)＋Length(T)，函数返回 1；若参数不满足约束条件，则函数返回 0。

例如，Insert(S1,4,"not")操作后，串 S1＝"I am not a student"。

（5）删除 Delete(S,pos,len)：若参数满足约束条件 0≤pos≤Length(S)－1，1≤len 和 pos＋len≤Length(S)－1，则删除串 S 中从第 pos 个字符开始，长度为 len 的连续字符，且函数返回 1；若参数不满足约束条件，则函数返回 0。

例如，Delete(S1,6,7)操作后，串 S1＝"I am a"。

（6）截取子串 SubString(S,pos,len,T)：若参数满足约束条件 0≤pos＜Length(S)－1，1≤len 和 pos＋len≤Length(S)－1，则截取串 S 中从第 pos 个字符开始，长度为 len 的连续字符并赋给串 T，且函数返回 1；若参数不满足约束条件，则函数返回 0。

例如，SubString(S1,6,7,T)操作后，串 T＝"student"。

（7）查找 Search(S,start,T)：在主串 S 中，从位置 start 开始查找是否存在子串 T，若主串 S 中存在子串 T，则函数返回子串 T 在主串 S 中的第一个字符位置；若主串 S 中不存在子串 T，则函数返回－1。

例如，Search(S1,0,S2)＝7，Search(S1,0,S3)＝－1。

（8）替换 Replace(S,start,T,V)：在主串 S 中，从位置 start 开始查找是否存在子串 T，若主串 S 中存在子串 T，则用子串 V 替换子串 T，且函数返回 1；若主串 S 中不存在子串 T，则函数返回 0。

例如，Replace(S1,0,S2,S3)的返回值为 1，且该函数调用后，S1＝"I am a teacher"。

4.1.3　C 语言的串函数

C 语言用字符数组存储串，其长度不定，解决该问题的方法是在串的末尾自动添加一个字符'\0'作为串结束标志。下面的语句定义了一个字符数组并赋值为"I am a teacher"。

```
char str[]="I am a teacher";
```

该串在内存中的存储形式如下：

I		I		a	m		a		t	e	a	c	h	e	r	\0

其中，数组名 str 指示了串"I am a teacher"在内存中的首地址，标志'\0'指示了串的结束。

C 语言的库文件 string.h 中也提供了许多实现串操作的函数。这些函数的功能和 4.1.2 节讨论的串操作的功能不完全相同。下面给出几个常用的 C 语言串函数及其使用方法。

我们先定义如下语句：

```
char s1[] = "I am a student";
char s2[20] = "teacher";
char s3[] = "student";
int result；
char s4[20], * p；
```

(1) 串长度 int strlen(char * str)

```
printf(" % d\n",strlen(s1));          /* 输出 14 */
printf(" % d\n",strlen(s2));          /* 输出 7 */
```

(2) 拷贝 char * strcpy(char * str1,char * str2)

```
strcpy(s4,s2);
printf(" % s\n",s4);                  /* 输出 teacher */
```

(3) 比较 int strcmp(char * str1,char * str2)

```
result = strcmp(s2,s3);              /* s2 > s3 */
printf(" % d\n",result);             /* 输出 1 */
result = strcmp(s2,s2);              /* s2 == s3 */
printf(" % d\n",result);             /* 输出 0 */
result = strcmp(s3,s2);              /* s3 < s2 */
printf(" % d\n",result);             /* 输出 -1 */
```

(4) 字符定位 char * strchr(char * str,char ch)

```
p = strchr(s1,'s');                  /* p 指在 s1 中字符's'的位置 */
printf(" % s\n",p);                  /* 输出 student */
```

(5) 子串查找 char * strstr(char * s1,char * s2)

```
p = strstr(s1,s3);                   /* p 指在 s1 中字符's'的位置 */
printf(" % s\n",p);                  /* 输出 student */
```

(6) 连接 char * strcat(char * str1,char * str2)

```
strcat(s2,s3);
printf(" % s\n",s2);                 /* 输出 teacherstudent */
```

C 语言提供的实现串操作的函数还有很多而且功能较强,因为篇幅不能一一叙述。下面给出一个使用 C 语言串函数编程的例子。

例 4.1 中文姓名与英文姓名最大的不同是,中文姓在前名在后,而英文名在前姓在后。试编写程序把以汉语拼音表示的中文名转换为英文名。

设计思路:利用 C 库函数 strchr()、strcpy()和 strcat()实现。

程序如下:

```
        void Change(char * cname,char * ename)
        {


            char * r;
            r = strchr(cname,' ');
             * r = '\0';            /* 将姓和名分开 */
            strcpy(ename,r + 1);    /* 提取名 */
            strcat(ename,"");
            strcat(ename,cname);    /* 提取姓 */

        }
```

4.2　串的存储结构

前面提到了串的逻辑结构实际上是一种特殊的线性表,那么串是如何在计算机中存储的呢？这就涉及串的存储结构。串的存储结构通常有两种方式,一种是顺序存储结构,另一种是链式存储结构。由于串的顺序存储结构不仅各种操作实现方便,而且空间效率和时间效率都更高,因此更为常用。

4.2.1　串的顺序存储结构——顺序串

和线性表的顺序存储结构类似,可用一个字符类型的数组存放串值。用数组存储串时,若定义了一个串变量,这个串在内存中的开始地址就确定了。由于串的长度是不确定的,因此需要有某种方法确定一个串的长度。

串是不定长的,在串的顺序存储结构中,表示串的长度一般有两种方法:一种是设置一个串的长度参数,此种方法的优点是便于在算法中用长度参数控制循环过程;另一种方法是在串值的末尾添加结束标记,此种方法的优点是便于系统自动实现。比如,C 语言定义串为字符类型的数组(即顺序存储结构),串值是双引号中的字符序列,系统将自动在串值的末尾添加结束标记\0'字符(字符\0'为 ASCII 代码 0,即空操作字符)。这样,字符数组名给出了串在内存中的开始地址,串值末尾的结束标记\0'标记了串在内存中的结束位置。当自己定义串的顺序存储结构时,设置串的长度参数确定串的长度的方法更为常用。为了算法实现方便,或为了兼容两种串的长度表示方法,也可同时使用两种方法来表示串的长度。

串的顺序存储结构就是用数组存放串的所有字符,数组有静态数组和动态数组两种,因此,串的顺序存储结构也有静态数组结构和动态数组结构两种。

1. 静态数组结构

串的静态数组结构又称为定长数组结构,此时数组的长度是编译时确定的,在运行时是不可改变的。串的静态数组结构体可定义如下:

```
typedef struct
{
    char str[MaxSize];
    int length;
}String;
```

其中，MaxSize 表示数组的最大存储空间，str 表示存储串值的数组名，length 表示串的长度（必须满足 length＜MaxSize），String 是为结构体定义的名字。

2. 动态数组结构

动态数组即用来表示数组的元素个数在用户使用时来确定。通常情况下，系统从一个称为堆的区域为用户定义的动态数组分配存储单元。串的动态数组结构体可定义如下：

```
typedef struct
{
    char * str;
    int maxLength;
    int length;
}DString;
```

其中，str 表示动态数组的首地址（即数组名），maxLength 表示动态数组的最大数组元素个数，length 表示当前串的长度（必须满足 length≤maxLength），DString 是为结构体定义的名字。

4.2.2 串的链式存储结构——链串

串的链式存储结构就是把串值分别存放在构成链表的若干个结点的数据域上。串的链式存储有单字符结点链和块链两种。

1. 单字符结点链

单字符结点链就是每个结点的数据域只包括一个字符，其结构如图 4-1 所示。

图 4-1　单字符结点链

单字符结点链的结构体定义为：

```
typedef struct Node
{
    char str;
    struct Node * next;
}SCharNode;
```

在上面的结构体定义中，每个字符域 str 所占的存储空间为一个字节，而每个指针域 next 所占的存储空间为两个或三个字节。当然，这要根据机器的不同而有所区别。因此，我们从中可以看出，单字符结点链的空间利用效率非常低。

2. 块链

块链就是每个结点的数据域包括若干个字符的一种存储结构，如图 4-2 所示。

图 4-2　块链

如果用 C 语言定义,则其结构体定义为:

```
typedef struct Node
{
        char str[Number];
        struct Node * next;
}NCharNode;
```

其中,Number 为每个结点数据域的字符个数。当 Number 数值比较大时,块链的空间利用效率比单字符结点链的空间利用效率显然要高很多。但每个结点数据域的字符个数很大时,其空间利用效率将和串的顺序存储结构的空间利用效率接近。

4.3 串的模式匹配

扫描主串 S,寻找子串 T 在主串 S 中首次出现的起始位置,称为模式匹配。其中,主串 S 又称为目标串;子串 T 又称为模式串。由于串的顺序存储表示使用较广泛,因此本节在介绍模式匹配算法时采用顺序存储结构。

串的模式匹配算法常用的有两种,一种称为 Brute-Force 算法,另一种就是所谓的 KMP 算法。

4.3.1 Brute-Force 算法

1. 算法基本思想

Brute-Force 算法也称为朴素的模式匹配算法,其基本思想是:从主串 $S = \text{``}s_0 s_1 \cdots s_{n-1}\text{''}$ 的第一个字符起,与模式串 $T = \text{``}t_0 t_1 \cdots t_{m-1}\text{''}$ 的第一个字符比较。若相等,则依次比较后续字符;否则,从主串的第二个字符起,重新与模式串中的字符比较。重复这个过程,直至模式串中的每个字符依次与主串中的一个连续字符序列相等,则匹配成功;否则,匹配失败。下面我们以一个例子来演示该算法匹配的过程。

例 4.2 设主串 $S = \text{``cddcdc''}$,模式串 $T = \text{``cdc''}$,请在主串 S 中寻找模式串 T。

S 的长度为 $n = 6$,T 的长度为 $m = 3$,用变量 i 指示主串 S 当前比较字符的下标,用变量 j 指示模式串 T 当前比较字符的下标。Brute-Force 算法模式匹配的具体过程如图 4-3 所示。

从上述匹配过程我们可以推知两点:

(1) 若在前 $k-1$ 次比较中未匹配成功,则第 k 次比较是从 S 中的第 k 个字符 S_{k-1} 开始和 T 中的第一个字符 T_0 比较。

(2) 设某一次匹配有 $S_i \neq T_j$,其中 $0 \leqslant i < n$,$0 \leqslant j < m$,$i \geqslant j$,则应有 $S_{i-1} = T_{j-1}, \cdots, S_{i-j+1} = T_1, S_{i-j} = T_0$。再由(1)可知,下一次比较主串的字符 S_{i-j+1} 和模式串的第一个字符 T_0。

通过上面的介绍,我们可以看到整个算法非常简单,但期间存在着大量的回溯现象。如第一次匹配失败后,指针 i 由 2 回溯到 1,以便进行第二次匹配。下面我们给出算法的 C 语言实现。

第一次匹配　　　$S = $ c d d c d c　　　$i = 2$

　　　　　　　　　‖ ‖ ╪　　　　　　　　失败

　　　　　　　　　$T = $ c d c　　　　$j = 2$

第二次匹配　　　$S = $ c d d c d c　　　$i = 1$

　　　　　　　　　　　　　　　　　　　失败

　　　　　　　　　$T = $ c d c　　　　$j = 0$

第三次匹配　　　$S = $ c d d c d c　　　$i = 2$

　　　　　　　　　‖　　　　　　　　　失败

　　　　　　　　　$T = $ c d c　　　　$j = 0$

第四次匹配　　　$S = $ c d d c d c　　　$i = 3$

　　　　　　　　　‖ ‖ ‖　　　　　　　成功

　　　　　　　　　$T = $ c d c　　　　$j = 2$

图 4-3　Brute-Force 算法模式匹配过程

2. 算法实现

算法 4.1　Brute-Force 算法

```
int BFIndex(SqString S,SqString T)
{ /* S 为主串,T 为模式串 */
    int i = 0,j = 0,k = -1;
    while(i < S.length && j < T.length)
    {
        if (S.ch[i] == T.ch[j])            /*相等,则继续比较 */
        {
            i++;
            j++;
        }
        else
        {
            i = i - j + 1;
            j = 0;
        }
    }
    if (j >= T.length) k = i - T.length;      /*返回匹配位置 */
    return k;
}
```

3. 算法时间复杂度分析

Brute-Force 算法简单,易于理解,但某些时候时间效率不高。主要原因就是前面我们提到的指针回溯问题。在主串和子串已有相当多个字符经比较相等的情况下,只要有一个字符比较不相等,便需要把主串的比较位置(即算法中变量 i 的值)回退。设主串的长度为 n,子串的长度为 m,则 Brute-Force 算法在最好情况下的时间复杂度为 $O(m)$,即主串的前

m 个字符刚好等于模式串的 m 个字符。

该算法在最坏情况下的时间复杂度为 $O(n \times m)$。其分析如下：当模式串的前 $m-1$ 个字符序列和主串的相应字符序列比较总是相等，当模式串的第 m 个字符和主串的相应字符比较总是不等时，模式串的 m 个字符序列必须和主串的相应字符序列块共比较 $n-m+1$ 次，每次比较 m 个字符，总共约需要比较 $m(n-m+1)$ 次，因此其时间复杂度为 $O(n \times m)$。

4.3.2 KMP 算法

D. E. Knuth(克努特)、J. H. Morris(莫里斯)和 V. R. Pratt(普拉特)三个人同时提出了模式匹配的改进算法，称为 Knuth-Morris-Pratt 算法，简称为 KMP 算法。该算法相比 Brute-Force 算法在算法的执行效率上要高。

为什么这么说呢，通过分析图 4-3 所示的匹配过程，可以得出造成 Brute-Force 算法效率低的原因在于回溯，即在某趟匹配失败后，主串指针 i 要回到本趟比较的首字符的下一个字符位置，模式串指针 j 要回到首字符位置，然后进行新一趟的匹配。然而，这些回溯并非是必要的。在图 4-3 中，主串 $S =$ "$s_0 s_1 s_2 s_3 s_4 s_5$" = "cddcdc"，模式串 $T =$ "$t_0 t_1 t_2$" = "cdc"，当第一次匹配失败后，下一次的比较位置为 $i=1$ 和 $j=0$，即比较 s_1 和 t_0。而 $t_0 \neq t_1$（即 c≠d），$s_1 = t_1$，推导出 $s_1 \neq t_0$，则比较 s_1 和 t_0 无意义。同理，$t_0 \neq t_2$（即 c≠d），$s_2 = t_2$，推导出 $s_2 \neq t_0$，则比较 s_2 和 t_0 无意义。因此，可直接比较 s_3 和 t_1，则此时 i 不需要回溯，而 j 向右"滑动"一个字符，这应该是第四次匹配过程。这样第四次匹配就充分利用了前几次匹配的信息。

从以上分析可以看到，当 s_i 与 t_j 比较不相等时，主串指针 i 不必回溯，模式串指针 j 向右"滑动"到 k 位置（$0 \leqslant k < j$），直接比较 s_i 与 t_k。那么现在的关键问题就是如何确定 k 值。答案是使用一个 next[j] 函数。

在模式串中，每一个 t_j 都有一个 k 值对应，这个 k 值仅与模式串本身有关，而与主串 S 无关。一般用 next[j] 函数来表示 t_j 对应的 k 值。

当模式串 $T =$ "$t_0 t_1 \cdots t_k \cdots t_{j-k} t_{j-k+1} \cdots t_{j-1} t_j$" 中存在 "$t_0 t_1 \cdots t_{k-1}$" = "$t_{j-k} t_{j-k+1} \cdots t_{j-1}$" 时，称等式左边式子为模式前缀，等式右边式子为模式后缀。

若在某一趟比较中出现以下情形：

$$s_0 s_1 \cdots s_{i-j-1} s_{i-j} \cdots s_{i-1} s_i \cdots$$
$$\parallel \quad \parallel \quad \parallel \quad \parallel$$
$$t_0 \quad t_1 \cdots t_{j-1} t_j$$

它相当于：

$$s_0 s_1 \cdots t_0 t_1 \cdots t_{k-1} \cdots t_{j-k} t_{j-k+1} \cdots t_{j-1} s_i \cdots$$
$$\parallel \quad \parallel \quad \parallel$$
$$t_0 \quad t_1 \quad \cdots t_{k-1}$$

则下一趟匹配时，模式前缀不必再比较了，因为上一趟匹配时已经比较了模式后缀，而模式后缀和模式前缀相等。因此，在下一趟匹配时，应把模式串指针 j 向右"滑动"到 k 位置，直接比较 s_i 和 t_k 即可。

通过以上分析，不难得出这个 t_j 对应的 k 值即 next[j] 函数的求法。

下面我们先给出一个 next[j] 函数的定义。

$$\text{next}[j] = \begin{cases} -1, & j=0 \\ \max\{k \mid 0<k<j \text{ 且 "}t_0t_1\cdots t_{k-1}\text{"}=\text{"}t_{j-k}t_{j-k+1}\cdots t_{j-1}\text{"}\}, & \text{当此集合非空时} \\ 0, & \text{其他} \end{cases}$$

其中，$\max\{k \mid 0<k<j$ 且 "$t_0t_1\cdots t_{k-1}$"＝"$t_{j-k}t_{j-k+1}\cdots t_{j-1}$"$\}$ 表明模式串中存在 $t_0t_1\cdots t_{k-1}$ 和 $t_{j-k}t_{j-k+1}\cdots t_{j-1}$ 两个相等的子串，且这两个子串是所有相等子串中长度最长的。

下面讨论求 $\text{next}[j]$ 函数值问题。从 $\text{next}[j]$ 函数可以得出，求解 $\text{next}[j]$ 函数值的过程就是一个递推的过程。

初始时：

$$\text{next}[0] = -1, \text{next}[1] = 0$$

若存在 $\text{next}[j]=k$，即模式串 T 中存在

$$\text{"}t_0t_1\cdots t_{k-1}\text{"}=\text{"}t_{j-k}t_{j-k+1}\cdots t_{j-1}\text{"}(0<k<j)$$

k 为满足等式的最大值，则计算 $\text{next}[j+1]$ 的值存在以下两种情况。

① 若 $t_k=t_j$，则表明在模式串 T 中存在

$$\text{"}t_0t_1\cdots t_{k-1}t_k\text{"}=\text{"}t_{j-k}t_{j-k+1}\cdots t_{j-1}t_j\text{"}(0<k<j)$$

且不可能存在另一个 $k'(k'>k)$，因此可以得到

$$\text{next}[j+1] = \text{next}[j]+1 = k+1$$

② 若 $t_k \neq t_j$，则表明在模式串 T 中存在

$$\text{"}t_0t_1\cdots t_{k-1}t_k\text{"} \neq \text{"}t_{j-k}t_{j-k+1}\cdots t_{j-1}t_j\text{"}(0<k<j)$$

此时，可以把计算 $\text{next}[j]$ 函数值的问题看成是另一个模式匹配过程。而整个模式串既是主串又是模式串，如图 4-4 所示。

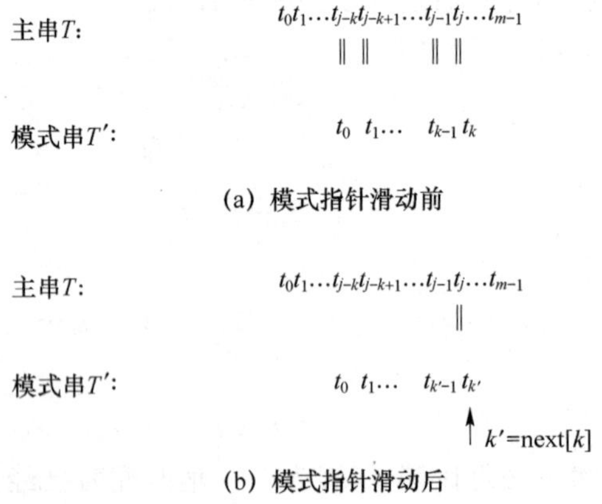

主串T： $t_0t_1\cdots t_{j-k}t_{j-k+1}\cdots t_{j-1}t_j\cdots t_{m-1}$
                        ‖ ‖   ‖ ‖

模式串T'： $t_0\ \ t_1\cdots\ \ t_{k-1}\,t_k$

(a) 模式指针滑动前

主串T： $t_0t_1\cdots t_{j-k}t_{j-k+1}\cdots t_{j-1}t_j\cdots t_{m-1}$
                                ‖

模式串T'： $t_0\ \ t_1\cdots\ \ t_{k'-1}\,t_{k'}$
                                        ↑ $k'=\text{next}[k]$

(b) 模式指针滑动后

图 4-4　求 $\text{next}[j+1]$

之前在匹配过程中，当 $t_k \neq t_j$ 时，应将模式串 T' 向右滑动至 $k'=\text{next}[k]$，并把 k' 位置上的字符与"主串"T 中 j 位置上的字符作比较。

若 $t_{k'} = t_j$，则表明在"主串" T 中第 $j+1$ 个字符之前存在一个最大长度为 k' 的子串，使 $t_0 t_1 \cdots t_{k'-1} t_{k'} = t_{j-k'} t_{j-k'+1} \cdots t_{j-1} t_j (0 < k' < k < j)$ 成立，因此有 $next[j+1] = k'+1 = next[k]+1$。

若 $t_{k'} \ne t_j$，则将模式串 T 向右滑动至 $k'' = next[k']$ 后继续匹配。依此类推，直至 t_j 和模式 T 中的某个字符匹配成功或不存在任何 $k'(0 < k' < k < j)$ 满足 $next[j+1] = k'+1 = next[k]+1$，此时有 $next[j+1] = 0$。

综上所述，$next[j]$ 函数的求解方法是：模式串的第一个字符的 $next[j]$ 函数值为 0，第二个字符的 $next[j]$ 函数值为 1。求解其后字符的 $next[j]$ 函数值时，应根据该字符的前一个字符进行比较。首先将 ch(该字符的前一个字符)与其 $next[j]$ 函数值所指位置上的字符进行比较，如果相等，则该字符的 $next[j]$ 函数值就是 ch 的 $next[j]$ 函数值加 1；如果不等，向前继续寻找 $next[j]$ 函数值所指字符的 $next[j]$ 函数值，把该函数值所指字符与 ch'(该字符的前一个字符)进行比较，直到找到某个字符的 $next[j]$ 函数值所指的字符与 ch' 相等为止，则这个 $next[j]$ 函数值加上 1 即为所求的 $next[j]$ 函数值；如果向前一直找到第一个字符都没有找到相等的字符，则 $next[j]$ 函数值为 1。

上述定义的 $next[j]$ 函数在某些情况下还存在缺陷。例如模式串 $T=$"aaaab"在和主串 $S=$"aaabaaaab"匹配时，当 $i=4$，$j=4$ 时 $s_4 \ne t_4$，由 $next[j]$ 指示还需进行 $i=4$、$j=3$，$i=4$、$j=2$，$i=4$、$j=1$ 三次比较。实际上，因为模式串中第 1、2、3 个字符和第 4 个字符都相等，因此不需要再和主串中第 4 个字符相比较，而可以将模式向右滑动 4 个字符的位置直接进行 $i=5$，$j=1$ 时的字符比较。这就是说，若按上述定义得到 $next[j]=k$，而模式中 $t_j = t_k$，则当主串中字符 s_i 和 t_j 比较不等时，无须再和 t_k 进行比较，而直接和 $t_{next[k]}$ 进行比较，也就是说，此时的 $next[j]$ 应该和 $next[k]$ 相同。因此，我们又可以得到修正后的 $next[j]$ 函数为 nextval[j]。

下面我们分别给出求 $next[j]$ 函数值、求 nextval[j] 函数值及运用 next 值求解模式匹配的 KMP 算法的 C 语言算法实现。

1. 求 $next[j]$ 函数值的算法

算法 4.2　求 $next[j]$ 函数值

```
void GetNext(SqString T,int next[])
{ /* T 为模式串,next 存放 next 函数值 */
    int j = 1,k = 0;
    next[0] = -1;
    next[1] = 0;
    while(j<T.length)
    {
        if (T.ch[j] == T.ch[k])
        {
            ++k;
            ++j;
            next[j] = k;
        }
```

```
                else if (k==0)
                {
                        ++j;
                        next[j] = 0;
                }
                else
                        k = next[k];
        }
}
```

2. 求 nextval[j] 函数值的算法

算法 4.3　求 nextval[j] 函数值

```
        void GetNextval(SqString T,int nextval[])
        { /* T 为模式串,nextval 存放 nextval 函数值 */
            int j = 0,k = -1;
            nextval[0] = -1;
            while(j < T.length)
            {
                if (k==-1||T.ch[j]==T.ch[k])
                {
                        j++;
                        k++;
                        if (T.ch[j]==T.ch[k])
                                nextval[j] = nextval[k];
                        else
                                nextval[j] = k;
                }
                else
                        k = nextval[k];
            }
        }
```

3. KMP 算法

算法 4.4　KMP 算法

```
        int KMPIndex(SqString S,int pos,int next[],SqString T)
        { /* S 为主串,pos 为起始位置,next 存放 next 函数值,T 为模式串 */
            int i = pos,j = 0,r = -1;
            while(i < S.length && j < T.length) /* 依次匹配每一个字符 */
            {
                if (S.ch[i]==T.ch[j])
                {
```

```
            ++i;
            ++j;
        }
        else if (j==0)++i;
        else j = next[j];
    }
    if (j>=T.length)r = i - T.length;
    return r;
}
```

下面我们通过一个实例看看如何求解 next[j] 和 nextval[j] 函数值,以及通过求解出的 next 值进行 KMP 算法的模式匹配。

例 4.3 求模式串 T="cbacb"的 next[j] 和 nextval[j] 函数值。

解:求解过程如表 4-1 所示。

表 4-1 模式串 T="cbacb"的 next[j] 和 nextval[j] 函数值

j	0	1	2	3	4
T	c	b	a	c	b
next	−1	0	0	0	1
nextval	−1	0	0	−1	0

例 4.4 在主串 S="cbaccbacbbb"中用例 4.3 中求出的模式串 T 的 next[j] 函数值给出 KMP 算法的匹配过程。

解:

$$\downarrow i=0$$
S:c b a c c b a c b b b
‖
T:c b a c b
$$\uparrow j=0$$
(a)初始状态

$$\downarrow i=4$$
S:c b a c c b a c b b b
‖
T:c b a c b
$$\uparrow j=4$$
(b)第一次匹配失败

$$\downarrow i=4$$
S:c b a c c b a c b b b
‖
T: c b a c b
$$\uparrow j=\text{next}[4]=1$$
(c)第二次匹配开始

$$\downarrow i=4$$

S：c b a c c b a c b b b

‖

T：　　　c b a c b

$\uparrow j=1$

（d）第二次匹配失败

$$\downarrow i=4$$

S：c b a c c b a c b b b

‖

T：　　　c b a c b

$\uparrow j=\text{next}[1]=0$

（e）第三次匹配开始

$$\downarrow i=9$$

S：c b a c c b a c b b b

‖

T：　　　　　c b a c b

$\uparrow j=5$

（f）第三次匹配成功

最后，我们简单分析一下 KMP 算法的时间复杂度。求 $\text{next}[j]$ 函数值的算法的时间复杂度为 $O(m)$，而整个 KMP 算法的时间复杂度为 $O(n+m)$。通常，模式串的长度 m 比主串的长度 n 要小得多，因此，对整个匹配算法来说，所增加的这点时间是值得的。

虽然 Brute-Force 算法的时间复杂度是 $O(n\times m)$，但在一般情况下，其实际的执行时间近似于 $O(n+m)$，因此至今仍被采用。KMP 算法仅当模式串与主串之间存在许多"部分匹配"的情况下才显得比前一种算法快得多。但是 KMP 算法的最大特点是指示主串的指针无须回溯，整个匹配过程中，对主串仅需从头至尾扫描一遍，这对处理从外设输入的庞大文件很有效，可以边读边匹配，无须回头重读。

本 章 小 结

串是由 $n(n\geqslant 0)$ 个字符组成的有限序列，每个字符可以是任意的 ASCII 码字符，一般是字母、数字、标点符号等可在屏幕上显示的字符。一个串中任意连续的字符组成的子序列称为该串的子串。包含子串的串称为该子串的主串。

一个字符在一个串中的序号称为该字符在串中的位置。两个串的值完全相等意味着两个串不仅要长度相等，而且各个对应位置字符都相等。

在 C 语言中表示一个串值时用一对双引号把串值括起来，双引号本身不属于串。

串的抽象数据类型的操作集合主要包括赋值 Assign(S,T)、求长度 Length(S)、比较 Compare(S,T)、插入 Insert(S,pos,T)、删除 Delete(S,pos,len)、截取子串 SubString(S,pos,len,T)、查找 Search(S,start,T)、替换 Replace(S,start,T,V)等。

串的存储结构有顺序存储结构和链式存储结构两种。串的顺序存储结构就是用数组存放串的所有字符,数组有静态数组和动态数组两种,因此串的顺序存储结构也有静态数组结构和动态数组结构两种。串的链式存储结构就是把串值分别存放在构成链表的若干个结点的数据域上。根据数据域中存储的是单字符还是多字符,串的链式存储结构分为单字符结点链和块链两种。串的顺序存储结构各种操作实现方便,空间和时间的效率都更高,因此更为常用。

串的模式匹配是指在主串中从一位置开始查找是否存在和模式串相同的子串,并返回其在主串中的起始位置。Brute-Force 算法和 KMP 算法是两种最经常使用的顺序存储结构下的串的模式匹配算法。其中,KMP 算法是在 Brute-Force 算法的基础上的一种改进算法,特点是消除了 Brute-Force 算法在匹配过程失败时的指针回溯问题,从而提高了模式匹配算法的时间效率。

练 习 题

一、选择题

1. 以下有关串的描述中,(   )是不正确的。

A. 串是字符的有限序列

B. 子串是串中任意连续字符组成的子序列

C. 串可以采用顺序存储或链式存储

D. 空串是由一个或多个空格组成的串

2. 串的长度是指(   )。

A. 串中包含的字符个数　　　　　　　B. 串中包含的不同字符个数

C. 串中除空格以外的字符个数　　　　D. 串中包含的不同字母个数

3. 若串中字符经常发生变化,则采用(   )存储方式最合适。

A. 定长顺序　　　　B. 堆　　　　　　C. 链式　　　　　　D. 散列

4. 串也是一种线性表,只不过(   )。

A. 数据元素是子串　　　　　　　　　B. 数据元素均为字符

C. 数据元素数据类型不受限制　　　　D. 表长受到限制

5. 设有两个串 S 和 T,求 T 在 S 中首次出现的位置的运算是(   )运算。

A. 求子串　　　　B. 串插入　　　　C. 串连接　　　　D. 模式匹配

6. 已知两个串 $S=$"abcczym"和 $T=$"abccyzm",则 StrCmp 操作的结果是(   )。

A. -1　　　　　B. 0　　　　　　C. 1　　　　　　D. 64

7. 在 KMP 算法中,若模式串 T 中存在 $t_j=t_k(k=\text{next}[j])$,且 $s_i\neq t_j$时,则下一次不必与 t_k 进行比较,而直接和(   )进行比较。

A. t_k　　　　　B. $t_{\text{next}[k]}$　　　　C. $t_{\text{next}[j]}$　　　　D. t_j

8. 模式串"abccabab"的 next 值为(   )。

A. $-1\,0\,0\,0\,0\,1\,2\,1$　　　　　　　B. $-1\,0\,0\,1\,0\,1\,2\,1$

C. $-1\,0\,1\,0\,0\,2\,1\,2$　　　　　　　D. $-1\,0\,1\,2\,0\,0\,0\,1$

9. 模式串"cbcacbcab"的 nextval 值为(   )。

A. $-1\,0\,1\,1\,0\,0\,-1\,1\,4$　　　　　　B. $-1\,0\,-1\,1\,-1\,0\,-1\,1\,4$

C. $-1000-10014$　　　　　　　D. -100120014

10. Brute-Force 算法在最坏情况下的时间复杂度为（　　）。

A. $O(n+m)$　　　　B. $O(n-m)$　　　　C. $O(n \times m)$　　　　D. $O(n \div m)$

二、填空题

1. 一个串的任意连续字符组成的子序列称为串的＿＿＿＿＿＿＿＿＿，该串称为＿＿＿＿＿＿＿＿＿。

2. 串长度为 0 的串称为＿＿＿＿＿＿＿＿＿，只包含空格的串称为＿＿＿＿＿＿＿＿＿。

3. 若两个串的长度相等且对应位置上的字符也相等,则称两个串＿＿＿＿＿＿＿＿＿。

4. 模式串 $T=$ "abcacbababcabcccbbaa" 的 next$[j]$ 函数值为＿＿＿＿＿＿＿＿＿, nextval$[j]$ 函数值为＿＿＿＿＿＿＿＿＿。

5. 寻找子串在主串中的位置,称为＿＿＿＿＿＿＿＿＿。其中,主串又称为＿＿＿＿＿＿＿＿＿,子串又称为＿＿＿＿＿＿＿＿＿。

第5章 数　　组

学习目标

主要掌握数组的基本概念及存储方式、特殊矩阵的压缩存储方法、稀疏矩阵的存储方式及基本运算的实现。

知识要点

(1) 数组的定义及实现机制。

(2) 特殊矩阵(包括 n 阶对称矩阵、n 阶三角矩阵)的压缩存储方法。

(3) 稀疏矩阵的压缩存储方法:三元组顺序表、三元组链表。

5.1　数　　组

从某种意义上说,数组是线性表的推广,即它们的数据元素构成线性表,而数据元素本身又是一个数据结构。

数组的使用非常广泛,在高级程序设计语言中,都提供了数组这种数据类型,而线性表的顺序存储也是用一维数组来实现的。另外,数组本身还是一种数据结构。

本章主要介绍数组的基本概念及存储方式、特殊矩阵的压缩存储方法、稀疏矩阵的存储方式及基本运算的实现。

5.1.1　数组的基本概念

数组是 $n(n \geqslant 1)$ 个具有相同数据类型的数据元素 $a_0, a_1, \cdots, a_{n-1}$ 构成的有限序列,并且这些数据元素占用一片地址连续的内存单元。

数组中的数据元素可以用该元素在数组中的位置来表示,即数据元素与位置之间有一一映射关系。该位置通常称作数组的下标。C语言规定数组的下标从 0 开始。

数组一般分为一维数组、二维数组和 n 维数组。一维数组就是定长的线性表。二维数组可以看成是一维数组,但其每个数据元素又是一个一维数组。同理 n 维数组也可以看成是一维数组,但其每个数据元素又是一个 $n-1$ 维数组。由此可见,n 维数组是线性表在维数上的扩张,即线性表中的元素又是一个线性表。

5.1.2　数组的顺序表示和实现

通常对数组只作随机访问元素和修改元素值操作,不作插入和删除操作。这样,数组建立后,其数组元素个数和元素间的关系不再发生变动,因此一般采用顺序存储结构表示数组。

对于一个有 n 个数据元素的一维数组,其任意一个数据元素 a_i 的存储地址为

$$\text{LOC}(a_i) = \text{LOC}(a_0) + i \times h \quad (0 \leqslant i < n) \tag{5-1}$$

其中,$\text{LOC}(a_0)$ 是下标为 0 的数组元素的内存单元地址,也称为基址;h 是每个数据元素占用的存储单元数。

对于一个 m 行 n 列的二维数组,其数据元素的存储地址与其存储方式有关。由于计算机的内存单元是以一维形式组织的,这样就存在二维如何向一维映射的问题,即数组元素是以行序为主序,还是以列序为主序存放。以行序为主序存放就是指先存放第 0 行,紧接着存放第 1 行……最后存放第 $m-1$ 行。即二维数组的数据元素的排列次序为

$$a_{00}, a_{01}, \cdots, a_{0,n-1}, a_{10}, a_{11}, \cdots, a_{1,n-1}, \cdots, a_{m-1,0}, a_{m-1,1}, \cdots, a_{m-1,n-1}$$

以行序为主序存放二维数组元素,其任意一个数据元素 a_{ij} 的存储地址为

$$\text{LOC}(a_{ij}) = \text{LOC}(a_{00}) + (i \times n + j) \times h \quad (0 \leqslant i < m, 0 \leqslant j < n) \tag{5-2}$$

其中,$\text{LOC}(a_{00})$ 为基址;h 是每个数据元素占用的存储单元数。

以列序为主序存放就是指先存放第 0 列,紧接着存放第 1 列……最后存放第 $n-1$ 列。即二维数组的数据元素的排列次序为

$$a_{00}, a_{10}, \cdots, a_{m-1,0}, a_{01}, a_{11}, \cdots, a_{m-1,1}, \cdots, a_{0,n-1}, a_{1,n-1}, \cdots, a_{m-1,n-1}$$

以列序为主序存放二维数组元素,其任意一个数据元素 a_{ij} 的存储地址为

$$\text{LOC}(a_{ij}) = \text{LOC}(a_{00}) + (j \times m + i) \times h \quad (0 \leqslant i < m, 0 \leqslant j < n) \tag{5-3}$$

其中,$\text{LOC}(a_{00})$ 为基址;h 是每个数据元素占用的存储单元数。

同理,可推出三维或更高维数组中的元素的存储地址计算公式。

当数组的基址确定以后,其他任意元素的存储地址就可以通过式(5-1)、式(5-2)和式(5-3)计算出来。由于计算数组中每个元素存储位置的时间相等,所以存取数组中任意一个元素的时间也相等,即数组是随机存取的存储结构。

由于 C 等大多数程序设计语言采用的是以行序为主序的存储方式,因此如果不作特殊声明,本书采用以行序为主序的存储方式。

说明:只要知道以下三要素便可随时求出任一元素的地址(意义:数组中的任一元素可随机存取):

(1) 开始结点的存放地址(即基地址);

(2) 维数和每维的上、下界;

(3) 每个数组元素所占用的单元数。

5.2 特殊矩阵的压缩存储

矩阵是很多科学与工程计算问题中研究的数学对象。我们在计算机学科中要研究的就是这些矩阵是如何在计算机中存储和表示的,从而能利用计算机来进行矩阵的各种运算。

一般来说,在用高级语言编写程序时,我们经常用二维数组来存储矩阵元。然而,在进行数值分析时经常出现一些阶数很高的矩阵,而这些矩阵中有很多值相同的元素或者是零元素。有时为了节省存储空间,可以对这类矩阵进行压缩存储。所谓压缩存储是指,为多个值相同的元只分配一个存储空间;对零元不分配空间。

倘若这些值相同的元素或者零元素在矩阵中是按一定规律分布的,则我们称此类矩阵

为特殊矩阵;反之,称为稀疏矩阵。本节我们就是要讨论这两种矩阵的存储表示和实现。

5.2.1 特殊矩阵

特殊矩阵是有许多值相同的元素或有许多零元素,且这些值相同的元素或零元素的分布有一定规律的矩阵。当矩阵的维数比较大时,矩阵占据的内存单元相当多。这时,利用特殊矩阵数据元素的分布规律来压缩矩阵的存储空间,对许多应用问题来说有重要的意义。

特殊矩阵压缩存储的方法是只存储特殊矩阵中数值不相同的数据元素。读取压缩存储矩阵元素的方法是利用特殊矩阵压缩存储的数学映射公式找到相应的矩阵元素。下面介绍几种特殊矩阵。

1. 对称矩阵

(1)定义

在一个 n 阶方阵中 A 中,若元素满足下列性质:$a_{ij} = a_{ji}(1 \leqslant i, j \leqslant n)$,则称矩阵 A 是对称矩阵。图 5-1 所示是对称矩阵。

(2)存储结构

由于对称矩阵中的数据元素以主对角线为中线对称,因此在存储时,可以把对称的两个相同数值的数据元素存储在一个存储单元中,让每两个对称的元素共享一个存储空间。这样,能节约近一半的存储空间。

存储的方法是按"行优先顺序"存储主对角线(包括对角线)以下的元素,存储顺序如图 5-2所示。

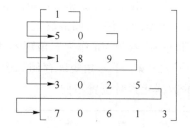

$$A = \begin{pmatrix} 1 & 5 & 1 & 3 & 7 \\ 5 & 0 & 8 & 0 & 0 \\ 1 & 8 & 9 & 2 & 6 \\ 3 & 0 & 2 & 5 & 1 \\ 7 & 0 & 6 & 1 & 3 \end{pmatrix}$$

图 5-1 对称矩阵 　　　　图 5-2 行优先存储对称矩阵

由等差数列求和公式可以推导出 5 阶对称矩阵存储使用的空间是 15,由此推导出 n 阶对称矩阵数据元素可压缩存储在 $n(n+1)/2$ 个存储单元中。假设我们以一维数组 Va 作为 n 阶对称矩阵 A 的压缩存储单元,则一维数组 Va 要求的元素个数为 $n(n+1)/2$。存储如图 5-3所示。

a_{11}	a_{21}	a_{22}	a_{31}	$\cdots$	a_{nn}
Va[0]	Va[1]	Va[2]	Va[3]	$\cdots$	Va[$n(n+1)/2-1$]

图 5-3 对称矩阵存储

设 a_{ij} 为 n 阶对称矩阵 A 中第 i 行 j 列的数据元素,k 为一维数组 Va 的下标序号,其数学映射关系为:

$$k = \begin{cases} i(i-1)/2 + j - 1, & \text{当 } i \geqslant j \\ j(j-1)/2 + i - 1, & \text{当 } i < j \end{cases}$$

通过如上压缩映射后，n 阶对称矩阵 A 中的数据元素 a_{ij} 压缩存储到了一维数组 Va 中，因此，一维数组 Va 实现了对 n 阶对称矩阵 A 的压缩存储，其压缩存储空间效率提高近一倍。

2. 三角矩阵

(1) 定义

三角矩阵分为上三角矩阵和下三角矩阵两种。

所谓 n 阶下三角矩阵就是行列数均为 n 的矩阵的上三角（不包括对角线）中的数据元素均为常数 c（典型情况 $c=0$）。如图 5-4(b) 所示上三角矩阵就是行列数均为 n 的矩阵，下三角（不包括对角线）中的数据元素均为常数 c（典型情况 $c=0$）。图 5-4(a) 所示为上三角矩阵。

$$\begin{bmatrix} 1 & 2 & 3 & 4 \\ 0 & 5 & 6 & 7 \\ 0 & 0 & 8 & 9 \\ 0 & 0 & 0 & 1 \end{bmatrix} \qquad \begin{bmatrix} 1 & 0 & 0 & 0 \\ 2 & 3 & 0 & 0 \\ 4 & 5 & 6 & 0 \\ 7 & 8 & 9 & 10 \end{bmatrix}$$

(a) 上三角矩阵　　　　(b) 下三角矩阵

图 5-4　三角矩阵

(2) 存储结构

三角矩阵在存储时可以只存储下三角矩阵或上三角中的元素，然后多加一个空间存储常数 c（c 常为 0）。三角矩阵的存储和对称矩阵相似，可参考图 5-2。存储空间是 $n(n+1)/2+1$，比对称矩阵多一个空间，用来存储常数 c。

假设我们以一维数组 Va 作为三角矩阵 A 的压缩存储单元，则一维数组 Va 要求的元素个数为 $n(n+1)/2+1$。下三角矩阵存储如图 5-5 所示。同理上三角存储与下三角类似，只是在找相应的数据元素时位置不同。

a_{11}	a_{21}	a_{22}	a_{31}	...	a_{nn}	c
Va[0]	Va[1]	Va[2]	Va[3]	...	Va[$n(n+1)/2-1$]	Va[$n(n+1)/2$]

图 5-5　下三角矩阵存储

设 a_{ij} 为 n 阶下三角矩阵中第 i 行 j 列的数据元素，k 为一维数组 Va 的下标序号，我们有如下数学映射公式：

$$k=\begin{cases} i(i-1)/2+j-1, & \text{当 } i \geqslant j \\ n(n+1)/2\text{（或空）}, & \text{当 } i < j \end{cases}$$

若 a_{ij} 为 n 阶上三角矩阵中第 i 行 j 列的数据元素，k 为一维数组 Va 的下标序号，数学映射公式如下：

$$k=\begin{cases} n(n+1)/2\text{（或空）}, & \text{当 } i > j \\ (i-1)(2n-i+2)/2+j-i, & \text{当 } i \leqslant j \end{cases}$$

3. 对角矩阵

(1) 定义

对角矩阵中，所有的非零元素都集中在以对角线为中心的带状区域中，即除了主对角线

上和主对角线邻近的上、下方,所有其他的元素均为零。最常
见的是三对角矩阵,如图 5-6 所示。

$$A=\begin{bmatrix} 1 & 2 & 0 & 0 \\ 3 & 4 & 5 & 0 \\ 0 & 6 & 7 & 8 \\ 0 & 0 & 9 & 10 \end{bmatrix}$$

(2) 存储结构

从图 5-6 可知,在三对角矩阵中,除了第一行和最后一行只
有 2 个非零元素外,其余各行都有 3 个非零元素,由此得出,存
储三对角矩阵所需的空间是 $2+2+3\times(n-2)=3n-2$。假设
我们以一维数组 Va 作为三对角矩阵 A 的压缩存储单元,则一
维数组 Va 要求的元素个数为 $3n-2$。三对角矩阵存储如图 5-7 所示。

图 5-6　三对角矩阵

a_{11}	a_{12}	a_{21}	a_{22}	...	a_{nn}
Va[0]	Va[1]	Va[2]	Va[3]	...	Va[3n-2-1]

图 5-7　三对角矩阵存储

4. 特殊矩阵经典例题

以上是特殊矩阵的压缩存储和数据元素地址的确定,在这个过程中需要注意以下几点:

第一,确定矩阵类型属于哪一种;

第二,确定首元素下标、首元素地址和每个元素占的字节数(本节中首元素都是 a_{11});

第三,确定对应的公式进行求解。

下面举例说明。

例 5.1　设有一个 $n\times n$ 的对称矩阵 A,将其上三角部分按行存放在一个一维数组 B
中,$A[0][0]$ 存放于 $B[0]$ 中,那么第 i 行的对角元素 $A[i][i]$ 存放于 B 中何处?

解:第一,矩阵是对称矩阵,采用上三角存储;

第二,第一个元素为 $A[0][0]$;

第三,由于对称矩阵采用上三角形式存储,所以使用上三角的对应公式。但当 $i>j$
时,此公式使用时 i 和 j 调换,与此公式不完全相同。

$$k=\begin{cases} n(n+1)/2(或空), & 当\ i>j \\ (i-1)(2n-i+2)/2+j-i, & 当\ i\leqslant j \end{cases}$$

此公式对应的是第一个元素 $A[1][1]$,所以套用的时候,i 和 j 在原公式上分别加 1,代
入后 $k=(i+1-1)(2n-(i+1)+2)/2+j-i$,化简后 $k=i(2n-i+1)/2$。

例 5.2　设数组 $a[1..10,5..15]$ 的元素以行为主序存放,每个元素占用 4 个存储单元,
则数组元素 $a[i,j]$ 的地址计算公式是什么?

解:第一,这是一个普通矩阵,以行为主存放数据;

第二,数组第一个元素是 $a[1][5]$,每个元素占用 4 个存储单元;

第三,使用公式 $LOC(a_{ij})=LOC(a_{00})+(i\times n+j)\times h$　$(0\leqslant i<m,0\leqslant j<n)$;
但本题首地址有所变化,公式中的值也灵活变化,代入后是 $a[i,j]=a[1,5]+((i-1)\times
(15-5+1)+(j-5))\times 4$,化简后 $a-64+44i+4j$。

从本题我们可以总结出,元素个数、i 和 j 的值都是有变化的,只要我们掌握基本原则,
任何变化都可以化简。

5.2.2　稀疏矩阵

对于一个 $m\times n$ 的矩阵,设 s 为矩阵元素的总和,有 $s=m\times n$,设 t 为矩阵中非零元素的

总和，满足 $t \ll s$ 的矩阵称作稀疏矩阵。符号 $\ll$ 读作远小于。简单地说，稀疏矩阵就是非零矩阵元素个数远远小于矩阵元素个数的矩阵。相对于稀疏矩阵来说，一个不稀疏的矩阵也称作稠密矩阵。

由于稀疏矩阵的零元素非常多，且分布无一定规律，所以稀疏矩阵的压缩存储方法是只存储矩阵中的非零元素。稀疏矩阵中每个非零元素和它对应的行下标和列下标构成一个三元组，稀疏矩阵中所有这样的三元组构成一个三元组表。稀疏矩阵压缩存储的方法是只存储稀疏矩阵的三元组表。图 5-8(a)是一个稀疏矩阵，图 5-8(b)是对应的三元组表。

$$\begin{pmatrix} 0 & 0 & 11 & 0 & 17 & 0 & 0 \\ 0 & 25 & 0 & 0 & 0 & 0 & 0 \\ 0 & 0 & 0 & 0 & 0 & 0 & 0 \\ 19 & 0 & 0 & 0 & 0 & 0 & 0 \\ 0 & 0 & 0 & 37 & 0 & 0 & 0 \\ 0 & 0 & 0 & 0 & 0 & 0 & 50 \end{pmatrix}$$

(a) 稀疏矩阵

{{ 1,3,11 },{ 1,5,17 },{ 2,2,25 },{ 4,1,19 }, { 5,4,37 }, { 6,7,50 }}

(b) 三元组表

图 5-8 稀疏矩阵和对应的三元组表

稀疏矩阵的压缩存储结构主要有三元组顺序表和三元组链表两大类型。其中，三元组链表中又有一般链表、行指针数组链表和行列指针的十字链表存储结构等。稀疏矩阵的压缩存储结构可看作是顺序表和链表的直接应用和组合应用。

1. 稀疏矩阵的三元组顺序表

用顺序表存储的三元组表称作三元组顺序表。三元组顺序表是把三元组定义成顺序表的数据元素。因此，我们可把三元组定义成顺序表的数据元素。

设稀疏矩阵三元组顺序表按先行序后列序的顺序存放，则三元组顺序表的存储表示如下。

算法 5.1 稀疏矩阵的三元组顺序表存储表示

```
/* 稀疏矩阵的三元组顺序表存储表示 */
#define MAX_SIZE 100              /* 非零元个数的最大值 */
typedef int ElemType;
typedef struct
{
    int i,j;                     /* 行下标,列下标 */
    ElemType e;                  /* 非零元素值 */
}Triple;
typedef struct
{
    Triple data[MAX_SIZE + 1];   /* 非零元三元组表,data[0]未用 */
    int mu,nu,tu;                /* 矩阵的行数、列数和非零元个数 */
}TSMatrix;
```

这样,图 5-8(b)所示的稀疏矩阵的三元组表的存储结构就对应为图 5-9 所示的稀疏矩阵的三元组顺序表。

下面我们讨论在这种压缩存储结构下稀疏矩阵转置运算的实现方法。

矩阵的转置运算是把矩阵中每个元素的行值转为列值,同时再把列值转为行值。因此,一个稀疏矩阵的转置矩阵仍是稀疏矩阵。图 5-10 是图 5-9 所示的稀疏矩阵三元组顺序表的转置。

i	j	v
1	3	11
1	5	17
2	2	25
4	1	19
5	4	37
6	7	50

图 5-9　稀疏矩阵的三元组顺序表

i	j	v
1	4	19
2	2	25
3	1	11
4	5	37
5	1	17
7	6	50

图 5-10　转置后的三元组顺序表

下面我们给出其中的一种求稀疏矩阵三元组顺序表的转置矩阵的普通算法。

算法 5.2　稀疏矩阵的三元组顺序表转置算法

```
void TransposeSMatrix(TSMatrix M,TSMatrix * T)
{ / * 求稀疏矩阵 M 的转置矩阵 T。 * /
  int p,q,col;
  ( * T).mu = M.nu;                        / * 行数值转为列数值 * /
  ( * T).nu = M.mu;                        / * 列数值转为行数值 * /
  ( * T).tu = M.tu;                        / * 非零元个数不变 * /
  if (( * T).tu)
  {
    q = 1;                                 / * q 为( * T).data[]的下标值 * /
    for(col = 1;col <= M.nu; ++col)
      for(p = 1;p <= M.tu; ++p)            / * p 为 M.data[]的下标值 * /
        if (M.data[p]. j == col)
        / * 以 M.data[p]的 j 域次序逐个搜索,这样,转置后的三元组顺序表( * T)也按先行
            序后列序的顺序存放 * /
        {
          ( * T).data[q].i = M.data[p].j;  / * 列号转为行号 * /
          ( * T).data[q].j = M.data[p].i;  / * 行号转为列号 * /
          ( * T).data[q].e = M.data[p].e;  / * 数组元素复制 * /
          ++q;
        }
  }
}
```

此稀疏矩阵的转置算法的时间复杂度为 $O(nu \times tu)$，其中 nu 为稀疏矩阵的列数，tu 为稀疏矩阵的非零元个数。

当非零元的个数 tu 和 $mu \times nu$（mu 为矩阵行数，nu 为矩阵列数）同数量级时，算法 5.2 的时间复杂度就为 $O(mu \times nu^2)$（例如，倘若在 100×500 的矩阵中有 tu = 10 000 个非零元），虽然节省了存储空间，但时间复杂度提高了，因此算法 5.2 仅适于 tu $\ll$ mu $\times$ nu 的情况。

那有什么更快的转置算法吗？如果我们能预先确定矩阵 M 中每一列（即 T 中每一行）的第一个非零元在 b.data 中应有的位置，那么在对 a.data 中的三元组依次作转置时，便可直接放到 b.data 中恰当的位置上去。为了确定这些位置，在转置前，应先求得 M 的每一列中非零元的个数，进而求得每一列的第一个非零元在 b.data 中应有的位置。

因此，我们需要附设 num 和 cpot 两个向量。Num[col] 表示矩阵 M 的第 col 列中非零元的个数，cpot[col] 指示 M 中第 col 列的第一个非零元在 b.data 中的恰当位置。因此有

$$\begin{cases} \text{cpot}[1] = 1; \\ \text{cpot}[col] = \text{cpot}[col-1] + \text{num}[col-1], 2 \leqslant col \leqslant a.nu \end{cases} \tag{5-4}$$

下面给出稀疏矩阵的三元组顺序表的快速转置算法。

算法 5.3　稀疏矩阵的三元组顺序表的快速转置算法

```
void FastTransposeSMatrix(TSMatrix M,TSMatrix * T)
{/* 快速求稀疏矩阵 M 的转置矩阵 T。*/
    int p,q,t,col, * num, * cpot;
    num = (int * )malloc((M.nu + 1) * sizeof(int)); /* 存 M 每列(T 每行)非零元素个数([0]不用) */
    cpot = (int * )malloc((M.nu + 1) * sizeof(int)); /* 存 T 每行的下一个非零元素的存储位置([0]不用) */
    ( * T).mu = M.nu; /* 给 T 的行、列数与非零元素个数赋值 */
    ( * T).nu = M.mu;
    ( * T).tu = M.tu;
    if (( * T).tu)/* 是非零矩阵 */
    {
        for(col = 1;col <= M.nu; ++ col)
            num[col] = 0; /* 计数器初值设为 0 */
        for(t = 1;t <= M.tu; ++ t) /* 求 M 中每一列含非零元素个数 */
            ++ num[M.data[t].j];
        cpot[1] = 1; /* T 的第 1 行的第 1 个非零元在 T.data 中的序号为 1 */
        for(col = 2;col <= M.nu; ++ col)
            cpot[col] = cpot[col-1] + num[col-1]; /* 求 T 的第 col 行的第 1 个非零元在 T.data 中的序号 */
        for(p = 1;p <= M.tu; ++ p) /* 从 M 的第 1 个元素开始 */
        {
            col = M.data[p].j; /* 求得在 M 中的列数 */
            q = cpot[col]; /* q 指示 M 当前的元素在 T 中的序号 */
            ( * T).data[q].i = M.data[p].j;
            ( * T).data[q].j = M.data[p].i;
            ( * T).data[q].e = M.data[p].e;
```

```
        ++cpot[col];  /* T 第 col 行的下一个非零元在 T.data 中的序号 */
    }
  }
  free(num);
  free(cpot);
}
```

这个算法比前一个算法多用了两个辅助向量。从时间上看,算法中有四个并列的单循环,循环次数分别为 nu 和 tu,因而总的时间复杂度为 $O(nu+tu)$。在 M 的非零元个数 tu 和 mu×nu 等数量级时,其时间复杂度为 $O(mu×nu)$,和经典算法的时间复杂度相同。

2. 十字链表

当矩阵的非零元个数和位置在操作过程中变化较大时,就不宜采用顺序存储结构来表示三元组的线性表。例如,在做"将矩阵 B 加到矩阵 A 上"这一操作时,由于非零元的插入或删除将会引起 A.data 中元素的移动,因此对于这种类型的矩阵,采用链式存储结构表示三元组的线性表更为恰当。

在链表中,每个非零元可用一个含五个域的结点表示,其中,i、j 和 e 三个域分别表示该非零元所在行和列以及非零元的值,向右域 right 用来链接同一行中下一个非零元,向下域 down 用来链接同一列中下一个非零元。同一行的非零元通过 right 域链接成一个线性链表,同一列的非零元通过 down 域链接成一个线性链表,每个非零元既是某个行链表中的一个结点,同时又是某个列链表中的一个结点,整个矩阵构成了一个十字交叉的链表,所以称这样的存储结构为十字链表,可用两个分别存储行链表的头指针和列链表的头指针的一维数组表示。

下面我们看一个例子。假设 M 是一个稀疏矩阵,即

$$M=\begin{bmatrix} 3 & 0 & 0 & 5 \\ 0 & -1 & 0 & 0 \\ 2 & 0 & 0 & 0 \end{bmatrix} \tag{5-5}$$

式(5-5)中的矩阵 M 的十字链表如图 5-11 所示。

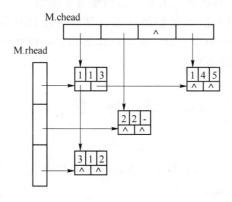

图 5-11 稀疏矩阵 M 的十字链表表示

算法 5.4 是稀疏矩阵的十字链表表示的算法。

算法 5.4 稀疏矩阵的十字链表表示

```
/*稀疏矩阵的十字链表存储表示 */
typedef struct OLNode
{
    int i,j;                      /*该非零元的行和列下标 */
    ElemType e;                   /*非零元素值 */
    struct OLNode * right, * down; /*该非零元所在行表和列表的后继链域 */
}OLNode, * OLink;
typedef struct
{
    OLink * rhead, * chead;       /*行和列链表头指针向量基址,由 CreatSMatrix_OL()分配  */
    int mu,nu,tu;                 /*稀疏矩阵的行数、列数和非零元个数 */
}CrossList;
```

本 章 小 结

数组是 $n(n>1)$ 个相同数据类型的数据元素 $a_0, a_1, a_2, \cdots, a_{n-1}$ 构成的占用一块地址连续的内存单元的有限序列。数组有静态数组和动态数组两种,静态数组是在定义时给出数组的具体个数;动态数组是在具体需要存储单元空间时才给出数组的具体个数。

用高级语言定义数组时,数组的首地址由系统动态分配并保存。数组的首地址通常用数组名来保存。一旦确定了数组的首地址,系统就可以计算出该数组的任意一个数组元素的存储地址。因此,数组是一种随机存储结构。

特殊矩阵是由许多值相同的元素或零元素组成且值相同的元素或零元素的分布有一定规律的一类矩阵。读取这类特殊矩阵元素的方法是利用特殊矩阵压缩存储的数学映射公式找到值相同的矩阵元素。

稀疏矩阵是非零元素个数远远小于矩阵元素个数的一类矩阵。稀疏矩阵中的每个非零元素与其行下标、列下标一起称作三元组。稀疏矩阵中的所有非零元素与其行下标、列下标一起构成一个三元组表。因此,稀疏矩阵压缩存储的方法是只存储稀疏矩阵的三元组表。稀疏矩阵三元组表的存储结构主要有三元组顺序表和三元组链表两大类型。十字链表存储结构是一种典型的三元组链表类型。

练 习 题

一、选择题

1. 已知二维数组 $A[5][3]$,其每个元素占 2 个存储单元,并且 $A[0][0]$ 的存储地址为 1000,则元素 $A[3][2]$ 的存储地址为(   )。

A. 1010　　　　　　B. 1020　　　　　　C. 1022　　　　　　D. 1028

2. 设有一个 8 阶的对称矩阵 A,采用压缩存储方式,以行序为主序存储,每个元素占用一个存储单元,基址为 100,则 a_{63} 的地址为(   )。

A. 118   B. 124   C. 151   D. 160

3. 已知数组 $A[1..6,2..8]$ 在内存中以行序为主序存放,且每个元素占两个存储单元,则计算元素 $A[i,j]$ 地址的公式为(   )。

A. $\text{LOC}(A[i,j]) = \text{LOC}(A[1,2]) + [(i-1) \times 7 + (j-2)] \times 2$

B. $\text{LOC}(A[i,j]) = \text{LOC}(A[1,2]) + [(j-2) \times 6 + (i-1)] \times 2$

C. $\text{LOC}(A[i,j]) = \text{LOC}(A[1,2]) + (i \times 8 + j) \times 2$

D. $\text{LOC}(A[i,j]) = \text{LOC}(A[1,2]) + (j \times 6 + i) \times 2$

4. 二维数组 A 的每个元素是由 6 个字符组成的串,其行下标 $i = 0, 1, \cdots, 8$,列下标 $j = 1, 2, \cdots, 10$,且每个字符占一个字节。若 A 以行序为主序存放,元素 $A[8,5]$ 的起始地址与当 A 以列序为主序存放时的元素(   )的起始地址相同。

A. $A[7,8]$ B. $A[6,5]$ C. $A[0,7]$ D. $A[3,10]$

5. 对稀疏矩阵进行压缩存储的目的是(   )。

A. 降低运算的时间复杂度   B. 节省存储空间

C. 便于存储   D. 便于进行矩阵运算

二、填空题

1. 下三角矩阵压缩存储的下标对应关系为_____。

2. 已知数组 $A[3..8,2..6]$ 以列序为主序顺序存储,且每个元素占两个存储单元,则计算元素 $A[i,j]$ 地址的公式为_____。

3. 所谓的稀疏矩阵指的是_____。

4. 一个 5×4 矩阵可以看成是长度为 5 的线性表,表中每个元素是长度为_____的线性表。

5. 稀疏矩阵 $\boldsymbol{A} = \begin{pmatrix} 0 & 0 & 0 \\ 0 & 0 & 10 \\ 0 & 0 & 0 \end{pmatrix}$ 的三元组表示为_____。

三、问答题

1. 已知 5×6 数组 A 的每个元素占 2 个字节,数组的基址为 1000,求:

(1) A 所占的字节数;

(2) 元素 a_{25} 的地址;

(3) 按行和按列优先存储的 a_{34} 地址。

2. 设数组 $a[1..50,1..80]$ 的基地址为 2000,每个元素占 2 个存储单元,求:

(1) 若以行序为主序顺序存储,则元素 $a[45,68]$ 的存储地址;

(2) 若以列序为主序顺序存储,则元素 $a[45,68]$ 的存储地址。

第6章 树和二叉树

学习目标

在前面几章里讨论的数据结构都属于线性结构,线性结构的特点是逻辑结构简单,易于进行查找、插入和删除等操作,其主要用于对客观世界中具有单一的前驱和后继的数据关系进行描述。而现实中的许多事物的关系并非这样简单,如人类社会的族谱、各种社会组织机构以及城市交通、通信等,这些事物中的联系都是非线性的,采用非线性结构进行描绘会更明确和便利。

所谓非线性结构是指,在该结构中至少存在一个数据元素,有两个或两个以上的直接前驱(或直接后继)元素。树形结构就是其中十分重要的非线性结构,可以用来描述客观世界中广泛存在的层次结构和网状结构的关系,如前面提到的族谱、城市交通等。在本章将重点讨论树形结构中最简单、应用十分广泛的二叉树结构。

知识要点

(1) 树和二叉树的定义及相关概念,二叉树的链式存储、二叉树三种顺序遍历算法及遍历算法的应用。

(2) 中序线索二叉树的算法及其简单应用。

(3) 哈夫曼树的概念、哈夫曼树的构造和编码算法。

6.1 树的定义和基本术语

1. 树的定义

树是一种常用的非线性结构,如图 6-1 所示。我们可以这样定义:树是 $n(n \geqslant 0)$ 个结点的有限集合。若 $n=0$,则称为空树;否则,有且仅有一个特定的结点被称为根,当 $n>1$ 时,其余结点被分成 $m(m>0)$ 个互不相交的子集 $T_1, T_2, \cdots, T_m$,每个子集又是一棵树。由此可以看出,树的定义是递归。

- 结点:数据元素的内容及其指向其子树根的分支统称为结点。
- 结点的度:结点的分支数。
- 终端结点(叶子):度为 0 的结点。
- 非终端结点:度不为 0 的结点。

- 结点的层次:树中根结点的层次为1,根结点子树的根为第2层,依此类推。
- 树的度:树中所有结点度的最大值。
- 树的深度:树中所有结点层次的最大值。
- 有序树、无序树:如果树中每棵子树从左向右的排列拥有一定的顺序,不得互换,则称为有序树,否则称为无序树。
- 森林:是$m(m \geq 0)$棵互不相交的树的集合。

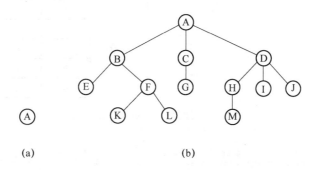

(a)   (b)

图6-1 树的示例

在树结构中,结点之间的关系又可以用家族关系描述,定义如下:

- 孩子、双亲:结点子树的根称为这个结点的孩子,而这个结点又被称为孩子的双亲。
- 子孙:以某结点为根的子树中的所有结点都被称为是该结点的子孙。
- 祖先:从根结点到该结点路径上的所有结点。
- 兄弟:同一个双亲的孩子之间互为兄弟。
- 堂兄弟:双亲在同一层的结点互为堂兄弟。

2. 树的基本运算

常用操作如下:

(1) 构造一棵树 CreateTree(T);

(2) 清空以 T 为根的树 ClearTree(T);

(3) 判断树是否为空 TreeEmpty(T);

(4) 获取给定结点的第i个孩子 Child(T,linklist,i);

(5) 获取给定结点的双亲 Parent(T,linklist);

(6) 遍历树 Traverse(T)。

对树遍历的主要目的是将非线性结构通过遍历过程线性化,即获得一个线性序列。树的遍历顺序有两种,一种是先序遍历,即先访问根结点,然后再依次用同样的方法访问每棵子树;另一种是后序遍历,即先依次从左到右按左右根的顺序访问每棵子树,最后访问根结点。

3. 树的存储结构

(1) 双亲表示法

树的双亲表示法主要描述的是结构点的双亲关系,如图6-2所示。

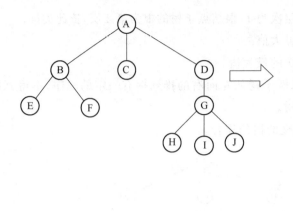

下标	info	perent
0	A	−1
1	B	0
2	C	0
3	D	0
4	E	1
5	F	1
6	G	3
7	H	6
8	I	6
9	J	6

图 6-2　树的双亲表示及存储结构

类型定义：

```
# define MAX_TREE_LINKLIST_SIZE 100
typedef struct {
TElemtype info;
int parent;
} ParentLinklist;
typedef struct {
ParentLinklist elem[MAX_TREE_LINKLIST_SIZE];
int n; //树中当前的结点数目
}ParentTree;
```

这种存储方法的特点是寻找结点的双亲很容易，但寻找结点的孩子比较困难。

算法实现举例：

```
int Parent(ParentTree T,int linklist)
{ if (linklist<0||linklist>= T.n) return-2;
  else return T.elem[linklist].parent;
}
```

（2）孩子表示法

孩子表示法主要描述的是结点的孩子关系。由于每个结点的孩子个数不定，所以利用链式存储结构更加适宜，如图 6-3 所示。

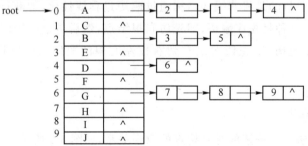

图 6-3　孩子结点关系的链式存储结构

在 C 语言中,这种存储形式定义如下:

```
#define MAX_TREE_LINKLIST_SIZE 10
typedef struct ChildLinklist{
int child;                 //该孩子结点在一维数组中的下标值
struct ChileLinklist * next;   //指向下一个孩子结点
}CLinklist;
typedef struct{
Elemtype info;             //结点信息
CLinklist * firstchild;    //指向第一个孩子结点的指针
}TLinklist;
typedef struct {
TLinklist elem[MAX_TREE_LINKLIST_SIZE];
int n,root;                //n 为树中当前结点的数目,root 为根结点在一维数组中的位置
}ChildTree;
```

这种存储结构的特点是寻找某个结点的孩子比较容易,但寻找双亲比较麻烦,所以在必要的时候,可以将双亲表示法和孩子表示法结合起来,即将一维数组元素增加一个表示双亲结点的域 parent,用来指示结点的双亲在一维数组中的位置。

获取给定结点第 i 个孩子的操作算法实现:

```
int Child(ChildTree T,int linklist,int i)
{
if (linklist<0||linklist>=T.n) return-2;
p=T.elem[linklist].firstchild; j=1;
while(p&&j! = i) { p=p->next; j++;}
if (! p) return-2;
else return p->child;
}
```

(3) 孩子-兄弟表示法

孩子-兄弟表示法也是一种链式存储结构。它通过描述每个结点的一个孩子和兄弟信息来反映结点之间的层次关系,其结点结构为:

firstchild	elem	nextsibling

其中,firstchild 为指向该结点第一个孩子的指针,nextsibling 为指向该结点的下一个兄弟,elem 是数据元素内容,如图 6-4 所示。

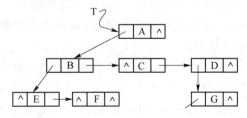

图 6-4　树的孩子-兄弟表示及存储结构

在 C 语言中,这种存储形式定义如下:

```
typedef struct CSLinklist{
 Elemtype elem;
 struct CSLinklist * firstchild, * nextsibling;
}CSLinklist, * CSTree;
void AllChild(CSTree T,CSTree p) //输出树中 p 指针所指结点的所有孩子信息
{
q = p-> fisrtchild;
while(q) {
printf(" % c",q-> elem); q = q-> nextsibling;
 }
 }
```

6.2 二 叉 树

6.2.1 二叉树的概念

1. 二叉树的定义

二叉树(binary tree)是个有限元素的集合,该集合或者为空,或者由一个称为根(root)的元素及两个不相交的、被分别称为左子树和右子树的二叉树组成。当集合为空时,称该二叉树为空二叉树。在二叉树中,一个元素也称作一个结点。

二叉树是有序的,即若将其左、右子树颠倒,就成为另一棵不同的二叉树。即使树中结点只有一棵子树,也要区分它是左子树还是右子树。因此二叉树具有五种基本形态,如图 6-5 所示。

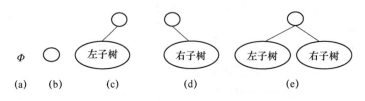

Φ (a)   (b)   (c)   (d)   (e)

图 6-5 二叉树的五种基本形态

2. 二叉树的相关概念

(1) 结点的度。结点所拥有的子树的个数称为该结点的度。

(2) 叶结点。度为 0 的结点称为叶结点,或者称为终端结点。

(3) 分枝结点。度不为 0 的结点称为分支结点,或者称为非终端结点。一棵树的结点除叶结点外,其余的都是分支结点。

(4) 左孩子、右孩子、双亲。树中一个结点的子树的根结点称为这个结点的孩子。这个结点称为它孩子结点的双亲。具有同一个双亲的孩子结点互称为兄弟。

(5) 路径、路径长度。如果一棵树的一串结点 $n_1, n_2, \cdots, n_k$ 有如下关系:结点 n_i 是 n_{i+1} 的父结点($1 \leqslant i < k$),就把 $n_1, n_2, \cdots, n_k$ 称为一条由 n_1 至 n_k 的路径。这条路径的长度是 $k-1$。

（6）祖先、子孙。在树中,如果有一条路径从结点 M 到结点 N,那么 M 就称为 N 的祖先,而 N 称为 M 的子孙。

（7）结点的层数。规定树的根结点的层数为1,其余结点的层数等于它的双亲结点的层数加1。

（8）树的深度。树中所有结点的最大层数称为树的深度。

（9）树的度。树中各结点度的最大值称为该树的度。

（10）满二叉树。

在一棵二叉树中,如果所有分支结点都存在左子树和右子树,并且所有叶子结点都在同一层上,这样的一棵二叉树称作满二叉树。如图 6-6 所示,图 6-6(a)就是一棵满二叉树,图 6-6(b)则不是满二叉树,因为虽然其所有结点要么是含有左右子树的分支结点,要么是叶子结点,但由于其叶子未在同一层上,故不是满二叉树。

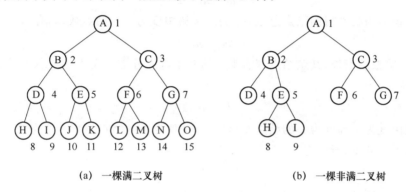

(a) 一棵满二叉树   (b) 一棵非满二叉树

图 6-6　满二叉树和非满二叉树示意图

（11）完全二叉树。

一棵深度为 k,有 n 个结点的二叉树,对树中的结点按从上至下、从左到右的顺序进行编号,如果编号为 $i(1\leqslant i\leqslant n)$ 的结点与满二叉树中编号为 i 的结点在二叉树中的位置相同,则这棵二叉树称为完全二叉树。完全二叉树的特点是:叶子结点只能出现在最下层和次下层,且最下层的叶子结点集中在树的左部。显然,一棵满二叉树必定是一棵完全二叉树,而完全二叉树未必是满二叉树。如图 6-7 所示,图 6-7(a)为一棵完全二叉树,图 6-7(b)和图 6-6(b)都不是完全二叉树。

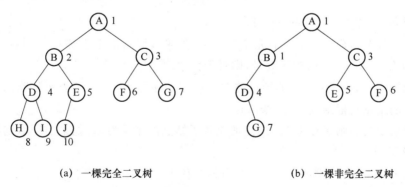

(a) 一棵完全二叉树   (b) 一棵非完全二叉树

图 6-7　完全二叉树和非完全二叉树示意图

6.2.2　二叉树的性质

性质 1　一棵非空二叉树的第 i 层上最多有 2^{i-1} 个结点（$i \geq 1$）。

该性质可由数学归纳法证明。证明略。

性质 2　一棵深度为 k 的二叉树中，最多具有 $2^k - 1$ 个结点。

证明　设第 i 层的结点数为 x_i（$1 \leq i \leq k$），深度为 k 的二叉树的结点数为 M，x_i 最多为 2^{i-1}，则有

$$M = \sum_{i=1}^{k} x_i \leq \sum_{i=1}^{k} 2^{i-1} = 2^k - 1$$

性质 3　对于一棵非空的二叉树，如果叶子结点数为 n_0，度数为 2 的结点数为 n_2，则有

$$n_0 = n_2 + 1$$

证明　设 n 为二叉树的结点总数，n_1 为二叉树中度为 1 的结点数，则有

$$n = n_0 + n_1 + n_2 \tag{6-1}$$

在二叉树中，除根结点外，其余结点都有唯一的一个进入分支。设 B 为二叉树中的分支数，那么有

$$B = n - 1 \tag{6-2}$$

这些分支是由度为 1 和度为 2 的结点发出的，一个度为 1 的结点发出一个分支，一个度为 2 的结点发出两个分支，所以有

$$B = n_1 + 2n_2 \tag{6-3}$$

综合式（6-1）、式（6-2）、式（6-3）可以得到

$$n_0 = n_2 + 1$$

性质 4　具有 n 个结点的完全二叉树的深度 k 为 $\lfloor \log_2 n \rfloor + 1$。

证明　根据完全二叉树的定义和性质 2 可知，当一棵完全二叉树的深度为 k、结点个数为 n 时，有

$$2^{k-1} - 1 < n \leq 2^k - 1$$

即

$$2^{k-1} \leq n < 2^k$$

对不等式取对数，有

$$k - 1 \leq \log_2 n < k$$

由于 k 是整数，所以有 $k = \lfloor \log_2 n \rfloor + 1$。

性质 5　对于具有 n 个结点的完全二叉树，如果按照从上至下和从左到右的顺序对二叉树中的所有结点从 1 开始顺序编号，则对于任意的序号为 i 的结点，有

（1）如果 $i > 1$，则序号为 i 的结点的双亲结点的序号为 $i/2$（"/"表示整除）；如果 $i = 1$，则序号为 i 的结点是根结点，无双亲结点。

（2）如果 $2i \leq n$，则序号为 i 的结点的左孩子结点的序号为 $2i$；如果 $2i > n$，则序号为 i 的结点无左孩子。

（3）如果 $2i + 1 \leq n$，则序号为 i 的结点的右孩子结点的序号为 $2i + 1$；如果 $2i + 1 > n$，则序号为 i 的结点无右孩子。

此外，若对二叉树的根结点从 0 开始编号，则相应的 i 号结点的双亲结点的编号为 $(i-1)/2$，

左孩子的编号为 $2i+1$,右孩子的编号为 $2i+2$。

此性质可采用数学归纳法证明。证明略。

6.2.3 二叉树的存储

1. 顺序存储结构

所谓二叉树的顺序存储,就是用一组连续的存储单元存放二叉树中的结点。一般是按照二叉树结点从上至下、从左到右的顺序存储。这样结点在存储位置上的前驱后继关系并不一定就是它们在逻辑上的邻接关系,然而只有通过一些方法确定某结点在逻辑上的前驱结点或后继结点,这种存储才有意义。因此,依据二叉树的性质,完全二叉树和满二叉树采用顺序存储比较合适,树中结点的序号可以唯一地反映出结点之间的逻辑关系,这样既能够最大可能地节省存储空间,又可以利用数组元素的下标值确定结点在二叉树中的位置,以及结点之间的关系。图 6-8 给出了图 6-7(a)所示的完全二叉树的顺序存储示意。

图 6-8 完全二叉树的顺序存储示意图

对于一般的二叉树,如果仍按从上至下和从左到右的顺序将树中的结点顺序存储在一维数组中,则数组元素下标之间的关系不能够反映二叉树中结点之间的逻辑关系,只有增添一些并不存在的空结点,使之成为一棵完全二叉树的形式,然后再用一维数组顺序存储。图 6-9 给出了一棵一般二叉树改造后的完全二叉树形态和其顺序存储状态示意图。显然,这种存储对于需增加许多空结点才能将一棵二叉树改造成为一棵完全二叉树的存储时,会造成空间的大量浪费,不宜用顺序存储结构。最坏的情况是右单支树,如图 6-10 所示,一棵深度为 k 的右单支树,只有 k 个结点,却需分配 2^k-1 个存储单元。

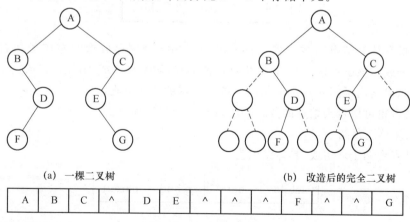

(a) 一棵二叉树   (b) 改造后的完全二叉树

(c) 改造后的完全二叉树顺序存储状态

图 6-9 一般二叉树及其顺序存储示意图

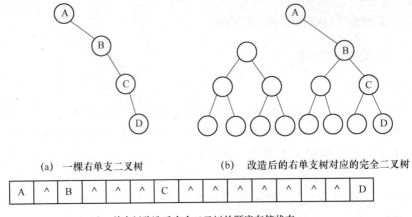

(a)　一棵右单支二叉树　　　　(b)　改造后的右单支树对应的完全二叉树

A	^	B	^	^	^	C	^	^	^	^	^	^	^	D

(c)　单支树改造后完全二叉树的顺序存储状态

图 6-10　右单支二叉树及其顺序存储示意图

二叉树的顺序存储表示可描述为：

```
♯define MAXNODE              /＊二叉树的最大结点数＊/
typedef elemtype SqBiTree[MAXNODE]   /＊0 号单元存放根结点＊/
SqBiTree bt;
```

即将 bt 定义为含有 MAXNODE 个 elemtype 类型元素的一维数组。

2. 链式存储结构

所谓二叉树的链式存储结构,是指用链表来表示一棵二叉树,即用链来指示元素的逻辑关系。通常有下面两种形式。

(1) 二叉链表存储

链表中每个结点由三个域组成,除了数据域外,还有两个指针域,分别用来给出该结点左孩子和右孩子所在的链结点的存储地址。结点的存储结构为：

lchild	data	rchild

其中,data 域存放某结点的数据信息;lchild 与 rchild 分别存放指向左孩子和右孩子的指针,当左孩子或右孩子不存在时,相应指针域值为空(用符号 ∧ 或 NULL 表示)。

图 6-11(a)给出了图 6-7(b)所示的一棵二叉树的二叉链表示。

二叉链表也可以带头结点的方式存放,如图 6-11(b)所示。

(2) 三叉链表存储

每个结点由四个域组成,具体结构为：

lchild	data	rchild	parent

其中,data、lchild 以及 rchild 三个域的意义同二叉链表结构;parent 域为指向该结点双亲结点的指针。这种存储结构既便于查找孩子结点,又便于查找双亲结点,但相对于二叉链表存储结构而言,它增加了空间开销。

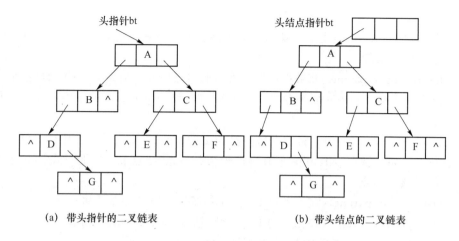

(a) 带头指针的二叉链表　　　　　(b) 带头结点的二叉链表

图 6-11　图 6-7(b)所示二叉树的二叉链表表示

图 6-12 给出了图 6-7(b)所示的一棵二叉树的三叉链表表示。

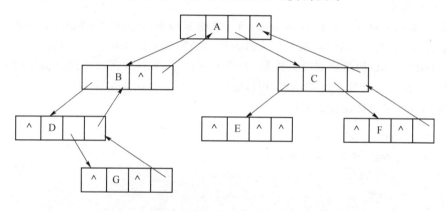

图 6-12　图 6-7(b)所示二叉树的三叉链表表示

　　尽管在二叉链表中无法由结点直接找到其双亲,但由于二叉链表结构灵活,操作方便,对于一般情况的二叉树,甚至比顺序存储结构还节省空间。因此,二叉链表是最常用的二叉树存储方式。本书后面所涉及的二叉树的链式存储结构不加特别说明的都是指二叉链表结构。

　　二叉树的二叉链表存储表示可描述为:

```
typedef struct BiTNode{
    elemtype data;
    struct BiTNode * lchild; * rchild;        /*左右孩子指针*/
    }BiTNode, * BiTree;
```

即将 BiTree 定义为指向二叉链表结点结构的指针类型。

6.2.4　二叉树的基本操作及实现

1. 二叉树的基本操作

二叉树的基本操作通常有以下几种。

（1）Initiate(bt)：建立一棵空二叉树。

（2）Create(x,lbt,rbt)：生成一棵以 x 为根结点的数据域信息，以二叉树 lbt 和 rbt 为左子树和右子树的二叉树。

（3）InsertL(bt,x,parent)：将数据域信息为 x 的结点插入二叉树 bt 中作为结点 parent 的左孩子结点。如果结点 parent 原来有左孩子结点，则将结点 parent 原来的左孩子结点作为结点 x 的左孩子结点。

（4）InsertR(bt,x,parent)：将数据域信息为 x 的结点插入二叉树 bt 中作为结点 parent 的右孩子结点。如果结点 parent 原来有右孩子结点，则将结点 parent 原来的右孩子结点作为结点 x 的右孩子结点。

（5）DeleteL(bt,parent)：在二叉树 bt 中删除结点 parent 的左子树。

（6）DeleteR(bt,parent)：在二叉树 bt 中删除结点 parent 的右子树。

（7）Search(bt,x)：在二叉树 bt 中查找数据元素 x。

（8）Traverse(bt)：按某种方式遍历二叉树 bt 的全部结点。

2. 算法的实现

算法的实现依赖于具体的存储结构，当二叉树采用不同的存储结构时，上述各种操作的实现算法是不同的。下面讨论基于二叉链表存储结构的上述操作的实现算法。

（1）Initiate(bt)初始建立二叉树 bt，并使 bt 指向头结点。在二叉树根结点前建立头结点，就如同在单链表前建立的头结点，可以方便后边的一些操作实现。

算法 6.1　初始化建立二叉树

```
int Initiate(BiTree  * bt)
{/*初始化建立二叉树 * bt 的头结点*/
    if (( * bt = (BiTNode * )malloc(sizeof(BiTNode))) == NULL)
        return 0;
    * bt -> lchild = NULL;
    * bt -> rchild = NULL;
    return 1;
}
```

（2）Create(x,lbt,rbt)建立一棵以 x 为根结点的数据域信息，以二叉树 lbt 和 rbt 为左右子树的二叉树。建立成功时返回所建二叉树结点的指针；建立失败时返回空指针。

算法 6.2　生成二叉树

```
BiTree Create(elemtype x,BiTree lbt,BiTree rbt)
{/*生成一棵以 x 为根结点的数据域值以 lbt 和 rbt 为左右子树的二叉树*/
    BiTree  p;
    if ((p = (BiTNode * )malloc(sizeof(BiTNode))) == NULL) return NULL;
    p -> data = x;
    p -> lchild = lbt;
    p -> rchild = rbt;
    return p;
}
```

（3）InsertL(bt,x,parent)。

算法 6.3　二叉树插入

```
BiTree InsertL(BiTree bt,elemtype x,BiTree parent)
{/ * 在二叉树 bt 的结点 parent 的左子树插入结点数据元素 x * /
    BiTree  p;
    if (parent = = NULL)
      { printf("\n 插入出错");
        return NULL;
      }
    if ((p = (BiTNode * )malloc(sizeof(BiTNode))) = = NULL) return NULL;
    p -> data = x;
    p -> lchild = NULL;
    p -> rchild = NULL;
    if (parent -> lchild = = NULL) parent -> lchild = p;
    else {p -> lchild = parent -> lchild;
          parent -> lchild = p;
        }
    return bt;
}
```

（4）InsertR(bt,x,parent)功能类同于(3)，算法略。

（5）DeleteL(bt,parent)在二叉树 bt 中删除结点 parent 的左子树。当 parent 或 parent 的左孩子结点为空时删除失败。删除成功时返回根结点指针；删除失败时返回空指针。

算法 6.4　二叉树删除

```
BiTree  DeleteL(BiTree bt,BiTree parent)
{/ * 在二叉树 bt 中删除结点 parent 的左子树 * /
    BiTree  p;
    if (parent = = NULL||parent -> lchild = = NULL)
      { printf("\n 删除出错");
        return NULL'
      }
    p = parent -> lchild;
    parent -> lchild = NULL;
    free(p);   / * 当 p 为非叶子结点时,这样删除仅释放了所删子树根结点的空间, * /
               / * 若要删除子树分支中的结点,需用后面介绍的遍历操作来实现。* /
    return br;
}
```

（6）DeleteR(bt,parent)功能类同于(5)，只是删除结点 parent 的右子树。算法略。

操作 Search(bt,x)实际是遍历操作 Traverse(bt)的特例，关于二叉树的遍历操作的实现，将在下一节中重点介绍。

6.3 二叉树的遍历

6.3.1 二叉树的遍历方法及递归实现

二叉树的遍历是指按照某种顺序访问二叉树中的每个结点,使每个结点被访问一次且仅被访问一次。

遍历是二叉树中经常要用到的一种操作。因为在实际应用问题中,常常需要按一定顺序对二叉树中的每个结点逐个进行访问,查找具有某一特点的结点,然后对这些满足条件的结点进行处理。

通过一次完整的遍历,可使二叉树中结点信息由非线性排列变为某种意义上的线性序列。也就是说,遍历操作使非线性结构线性化。由二叉树的定义可知,一棵二叉树由根结点、根结点的左子树和根结点的右子树三部分组成,因此只要依次遍历这三部分,就可以遍历整个二叉树。若以 D、L、R 分别表示访问根结点、遍历根结点的左子树、遍历根结点的右子树,则二叉树的遍历方式有六种:DLR、LDR、LRD、DRL、RDL 和 RLD。如果限定先左后右,则只有前三种方式,即 DLR(称为先序遍历)、LDR(称为中序遍历)和 LRD(称为后序遍历)。

1. 先序遍历(DLR)

先序遍历的递归过程为:若二叉树为空,遍历结束。否则,

(1) 访问根结点;

(2) 先序遍历根结点的左子树;

(3) 先序遍历根结点的右子树。

先序遍历二叉树的递归算法如下。

算法 6.5　先序遍历二叉树递归算法

```
void PreOrder(BiTree bt)
{/* 先序遍历二叉树 bt */
    if (bt == NULL) return;        /* 递归调用的结束条件 */
    Visite(bt -> data);            /* 访问结点的数据域 */
    PreOrder(bt -> lchild);        /* 先序递归遍历 bt 的左子树 */
    PreOrder(bt -> rchild);        /* 先序递归遍历 bt 的右子树 */
}
```

对于图 6-7(b)所示的二叉树,按先序遍历所得到的结点序列为:

$$A \ B \ D \ G \ C \ E \ F$$

2. 中序遍历(LDR)

中序遍历的递归过程为:若二叉树为空,遍历结束。否则,

(1) 中序遍历根结点的左子树;

(2) 访问根结点;

(3) 中序遍历根结点的右子树。

中序遍历二叉树的递归算法如下。

算法 6.6　中序遍历二叉树递归算法

```
void InOrder(BiTree bt)
{/* 中序遍历二叉树 bt */
    if (bt == NULL) return;              /* 递归调用的结束条件 */
    InOrder(bt -> lchild);               /* 中序递归遍历 bt 的左子树 */
    Visite(bt -> data);                  /* 访问结点的数据域 */
    InOrder(bt -> rchild);               /* 中序递归遍历 bt 的右子树 */
}
```

对于图 6-7(b)所示的二叉树,按中序遍历所得到的结点序列为:

D G B A E C F

3. 后序遍历(LRD)

后序遍历的递归过程为:若二叉树为空,遍历结束。否则,

(1) 后序遍历根结点的左子树;

(2) 后序遍历根结点的右子树;

(3) 访问根结点。

后序遍历二叉树的递归算法如下。

算法 6.7　后序遍历二叉树递归算法

```
void PostOrder(BiTree bt)
{/* 后序遍历二叉树 bt */
    if (bt == NULL) return;              /* 递归调用的结束条件 */
    PostOrder(bt -> lchild);             /* 后序递归遍历 bt 的左子树 */
    PostOrder(bt -> rchild);             /* 后序递归遍历 bt 的右子树 */
    Visite(bt -> data);                  /* 访问结点的数据域 */
}
```

对于图 6-7(b)所示的二叉树,按先序遍历所得到的结点序列为:

G D B E F C A

4. 层次遍历

所谓二叉树的层次遍历,是指从二叉树的第一层(根结点)开始,从上至下逐层遍历,在同一层中,则按从左到右的顺序对结点逐个访问。对于图 6.7(b)所示的二叉树,按层次遍历所得到的结果序列为:

A B C D E F G

下面讨论层次遍历的算法。

由层次遍历的定义可以推知,在进行层次遍历时,对一层结点访问完后,再按照它们的访问次序对各个结点的左孩子和右孩子顺序访问,这样一层一层进行,先遇到的结点先访问,这与队列的操作原则比较吻合。因此,在进行层次遍历时,可设置一个队列结构,遍历从二叉树的根结点开始,首先将根结点指针入队列,然后从对头取出一个元素,每取一个元素,执行下面两个操作:

（1）访问该元素所指结点；

（2）若该元素所指结点的左、右孩子结点非空，则将该元素所指结点的左孩子指针和右孩子指针顺序入队。

此过程不断进行，当队列为空时，二叉树的层次遍历结束。

在下面的层次遍历算法中，二叉树以二叉链表存放，一维数组 Queue[MAXNODE]用以实现队列，变量 front 和 rear 分别表示当前对首元素和队尾元素在数组中的位置。

算法 6.8　层次遍历二叉树

```
void LevelOrder(BiTree bt)
/* 层次遍历二叉树 bt */
 { BiTree Queue[MAXNODE];
   int front,rear;
   if (bt == NULL) return;
   front = -1;
   rear = 0;
   queue[rear] = bt;
   while(front! = rear)
      {front ++ ;
       Visite(queue[front]-> data);          /* 访问队首结点的数据域 */
       if (queue[front]-> lchild! = NULL)    /* 将队首结点的左孩子结点入队列 */
         { rear ++ ;
            queue[rear] = queue[front]-> lchild;
         }
       if (queue[front]-> rchild! = NULL)    /* 将队首结点的右孩子结点入队列 */
         { rear ++ ;
            queue[rear] = queue[front]-> rchild;
         }
      }
 }
```

6.3.2　二叉树遍历的非递归实现

前面给出的二叉树先序、中序和后序三种遍历算法都是递归算法。当给出二叉树的链式存储结构以后，用具有递归功能的程序设计语言很方便就能实现上述算法。然而，并非所有程序设计语言都允许递归；另外，递归程序虽然简洁，但可读性一般不好，执行效率也不高。因此，就存在如何把一个递归算法转化为非递归算法的问题。解决这个问题的方法可以通过对三种遍历方法的实质过程的分析得到。

如图 6-7(b)所示的二叉树，对其进行先序、中序和后序遍历都是从根结点 A 开始的，且在遍历过程中经过结点的路线是一样的，只是访问的时机不同而已。图 6-13 中所示的从根结点左外侧开始，由根结点右外侧结束的曲线，为遍历图 6-7(b)的路线。沿着该路线按△标记的结点读得的序列为先序序列，按 * 标记读得的序列为中序序列，按⊕标记读得的序列为后序序列。

然而,这一路线正是从根结点开始沿左子树深入下去,当深入到最左端,无法再深入下去时,则返回,再逐一进入刚才深入时遇到结点的右子树,再进行如此的深入和返回,直到最后从根结点的右子树返回到根结点为止。先序遍历是在深入时遇到结点就访问,中序遍历是在从左子树返回时遇到结点访问,后序遍历是在从右子树返回时遇到结点访问。

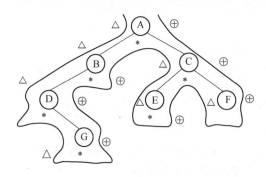

图 6-13 遍历图 6-7(b)的路线示意图

在这一过程中,返回结点的顺序与深入结点的顺序相反,即后深入先返回,正好符合栈结构后进先出的特点。因此,可以用栈来帮助实现这一遍历路线。其过程如下。

在沿左子树深入时,深入一个结点入栈一个结点,若为先序遍历,则在入栈之前访问之;当沿左分支深入不下去时,则返回,即从堆栈中弹出前面压入的结点,若为中序遍历,则此时访问该结点,然后从该结点的右子树继续深入;若为后序遍历,则将此结点再次入栈,然后从该结点的右子树继续深入,与前面雷同,仍为深入一个结点入栈一个结点,深入不下去再返回,直到第二次从栈里弹出该结点,才访问。

(1) 先序遍历的非递归实现

在下面的算法中,二叉树以二叉链表存放,一维数组 stack[MAXNODE]用以实现栈,变量 top 用来表示当前栈顶的位置。

算法 6.9 非递归先序遍历二叉树

```
void NRPreOrder(BiTree bt)
{/ * 非递归先序遍历二叉树 * /
   BiTree stack[MAXNODE],p;
   int top;
   if (bt == NULL) return;
   top = 0;
   p = bt;
   while(!(p == NULL&&top == 0))
      { while(p! = NULL)
          { Visite(p-> data);            / * 访问结点的数据域 * /
            if (top < MAXNODE - 1)       / * 将当前指针 p 压栈 * /
             { stack[top] = p;
               top ++ ;
             }
            else { printf("栈溢出");
```

```
                    return;
                }
        p = p -> lchild;          /*指针指向 p 的左孩子 */
    }
    if (top <= 0) return;          /*栈空时结束 */
    else{  top -- ;
        p = stack[top];           /*从栈中弹出栈顶元素 */
        p = p -> rchild;          /*指针指向 p 的右孩子结点 */
    }
    }
}
```

对于图 6-7(b)所示的二叉树,用该算法进行遍历过程中,栈 stack 和当前指针 p 的变化情况以及树中各结点的访问次序如表 6-1 所示。

表 6-1　二叉树先序非递归遍历过程

步骤	指针 p	栈 stack 内容	访问结点值
初态	A	空	
1	B	A	A
2	D	A,B	B
3	∧	A,B,D	D
4	G	A,B	
5	∧	A,B,G	G
6	∧	A,B	
7	∧	A	
8	C	空	
9	E	C	C
10	∧	C,E	E
11	∧	C	
12	F	空	
13	∧	F	F
14	∧	空	

（2）中序遍历的非递归实现

中序遍历的非递归算法的实现只需将先序遍历的非递归算法中的 Visite(p -> data)移到 p=stack[top]和 p=p-> rchild 之间即可。

（3）后序遍历的非递归实现

由前面的讨论可知,后序遍历与先序遍历和中序遍历不同,在后序遍历过程中,结点在第一次出栈后,还需再次入栈,也就是说,结点要入两次栈,出两次栈,而访问结点是在第二次出栈时访问。因此,为了区别同一个结点指针的两次出栈,设置一标志 flag,令:

$$flag = \begin{cases} 1 & \text{第一次出栈,结点不能访问} \\ 2 & \text{第二次出栈,终点可以访问} \end{cases}$$

当结点指针进、出栈时,其标志 flag 也同时进、出栈。因此,可将栈中元素的数据类型定义为指针和标志 flag 合并的结构体类型。定义如下:

```
typedef struct {
    BiTree  link;
    int  flag;
    }stacktype;
```

后序遍历二叉树的非递归算法如下。在算法中,一维数组 stack[MAXNODE]用于实现栈的结构,指针变量 p 指向当前要处理的结点,整型变量 top 用来表示当前栈顶的位置,整型变量 sign 为结点 p 的标志量。

算法 6.10 非递归后序遍历二叉树

```
void NRPostOrder(BiTree  bt)
/*非递归后序遍历二叉树 bt*/
{ stacktype stack[MAXNODE];
   BiTree p;
   int top,sign;
   if (bt == NULL) return;
   top =-1/*栈顶位置初始化*/
   p = bt;
   while(!(p == NULL && top ==-1))
     { if (p! = NULL)/*结点第一次进栈*/
        { top++;
           stack[top].link = p;
           stack[top].flag = 1;
           p = p->lchild;/*找该结点的左孩子*/
         }
        else { p = stack[top].link;
               sign = stack[top].flag;
               top--;
               if (sign == 1)/*结点第二次进栈*/
                 {top++;
                  stack[top].link = p;
                  stack[top].flag = 2;/*标记第二次出栈*/
                  p = p->rchild;
                  }
               else { Visite(p->data);/*访问该结点数据域值*/
                      p = NULL;
                      }
                }
          }
     }
}
```

6.3.3 由遍历序列恢复二叉树

从前面讨论的二叉树的遍历知道,任意一棵二叉树结点的先序序列和中序序列都是唯一的。反过来,若已知结点的先序序列和中序序列,能否确定这棵二叉树呢?这样确定的二叉树是否是唯一的呢?回答是肯定的。

根据定义,二叉树的先序遍历是先访问根结点,其次再按先序遍历方式遍历根结点的左子树,最后按先序遍历方式遍历根结点的右子树。这就是说,在先序序列中,第一个结点一定是二叉树的根结点。另外,中序遍历是先遍历左子树,然后访问根结点,最后再遍历右子树。这样,根结点在中序序列中必然将中序序列分割成两个子序列,前一个子序列是根结点的左子树的中序序列,而后一个子序列是根结点的右子树的中序序列。根据这两个子序列,在先序序列中找到对应的左子序列和右子序列。在先序序列中,左子序列的第一个结点是左子树的根结点,右子序列的第一个结点是右子树的根结点。这样,就确定了二叉树的三个结点。同时,左子树和右子树的根结点又可以分别把左子序列和右子序列划分成两个子序列,如此递归下去,当取尽先序序列中的结点时,便可以得到一棵二叉树。

同样的道理,由二叉树的后序序列和中序序列也可唯一地确定一棵二叉树。因为依据后序遍历和中序遍历的定义,后序序列的最后一个结点,就如同先序序列的第一个结点一样,可将中序序列分成两个子序列,分别为这个结点的左子树的中序序列和右子树的中序序列,再拿出后序序列的倒数第二个结点,并继续分割中序序列,如此递归下去,当倒着取尽后序序列中的结点时,便可以得到一棵二叉树。

下面通过一个例子,来给出右二叉树的先序序列和中序序列构造唯一的一棵二叉树的实现算法。

已知一棵二叉树的先序序列与中序序列分别为:

$$A\ B\ C\ D\ E\ F\ G\ H\ I$$
$$B\ C\ A\ E\ D\ G\ H\ F\ I$$

试恢复该二叉树。

首先,由先序序列可知,结点 A 是二叉树的根结点。其次,根据中序序列,在 A 之前的所有结点都是根结点左子树的结点,在 A 之后的所有结点都是根结点右子树的结点,由此得到图 6-14(a)所示的状态。然后,再对左子树进行分解,得知 B 是左子树的根结点,又从中序序列知道,B 的左子树为空,B 的右子树只有一个结点 C。接着对 A 的右子树进行分解,得知 A 的右子树的根结点为 D;而结点 D 把其余结点分成两部分,即左子树为 E,右子树为 F、G、H、I,如图 6-14(b)所示。接下去的工作就是按上述原则对 D 的右子树继续分解下去,最后得到如图 6-14(c)的整棵二叉树。

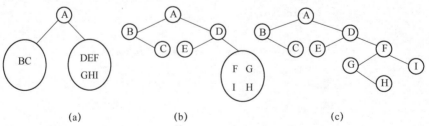

(a)   (b)   (c)

图 6-14 一棵二叉树的恢复过程示意

上述过程是一个递归过程,其递归算法的思想是:先根据先序序列的第一个元素建立根结点;然后在中序序列中找到该元素,确定根结点的左、右子树的中序序列;再在先序序列中确定左、右子树的先序序列;最后由左子树的先序序列与中序序列建立左子树,由右子树的先序序列与中序序列建立右子树。

下面给出用 C 语言描述的该算法。假设二叉树的先序序列和中序序列分别存放在一维数组 preod[ ]与 inod[ ]中,并假设二叉树各结点的数据值均不相同。

算法 6.11　二叉树结点存储

```
void ReBiTree(char preod[ ],char inod[ ],int n,BiTree root)
/ * n 为二叉树的结点个数,root 为二叉树根结点的存储地址 * /
{ if (n≤0) root = NULL;
    else PreInOd(preod,inod,1,n,1,n,&root);
}
```

算法 6.12　先序建立二叉树

```
void PreInOd(char preod[ ],char inod[ ],int i,j,k,h,BiTree * t)
{ * t = (BiTNode * )malloc(sizeof(BiTNode));
    * t -> data = preod[i];
    m = k;
    while(inod[m]! = preod[i])  m ++ ;
    if (m == k) * t -> lchild = NULL
    else PreInOd(preod,inod,i + 1,i + m - k,k,m - 1,&t -> lchild);
    if (m == h) * t -> rchild = NULL
    else PreInOd(preod,inod,i + m - k + 1,j,m + 1,h,&t -> rchild);
}
```

需要说明的是,数组 preod 和 inod 的元素类型可根据实际需要来设定,这里设为字符型。另外,如果只知道二叉树的先序序列和后序序列,则不能唯一地确定一棵二叉树。

6.3.4　不用栈的二叉树遍历的非递归方法

前面介绍的二叉树的遍历算法可分为两类,一类是依据二叉树结构的递归性,采用递归调用的方式来实现;另一类则是通过堆栈或队列来辅助实现。采用这两类方法对二叉树进行遍历时,递归调用和栈的使用都带来额外空间增加,递归调用的深度和栈的大小是动态变化的,都与二叉树的高度有关。因此,在最坏的情况下,即二叉树退化为单支树的情况下,递归的深度或栈需要的存储空间等于二叉树中的结点数。

还有一类二叉树的遍历算法,就是不用栈也不用递归来实现。常用的不用栈的二叉树遍历的非递归方法有以下三种。

(1) 对二叉树采用三叉链表存放,即在二叉树的每个结点中增加一个双亲域 parent,这样在遍历深入到不能再深入时,可沿着走过的路径回退到任何一棵子树的根结点,并再向另一方向走。由于这一方法的实现是在每个结点的存储上又增加一个双亲域,故其存储开销就会增加。

（2）采用逆转链的方法,即在遍历深入时,每深入一层,就将其再深入的孩子结点的地址取出,并将其双亲结点的地址存入,当深入不下去需返回时,可逐级取出双亲结点的地址,沿原路返回。虽然此种方法是在二叉链表上实现的,没有增加过多的存储空间,但在执行遍历的过程中改变子女指针的值,这既是以时间换取空间,同时当有几个用户同时使用这个算法时将会出现问题。

（3）在线索二叉树上的遍历,即利用具有 n 个结点的二叉树中的叶子结点和一度结点的 $n+1$ 个空指针域来存放线索,然后在这种具有线索的二叉树上遍历时,就可不需要栈,也不需要递归了。有关线索二叉树的详细内容,将在下一节中讨论。

6.4 线索二叉树

6.4.1 线索二叉树的定义及结构

1. 线索二叉树的定义

按照某种遍历方式对二叉树进行遍历,可以把二叉树中所有结点排列为一个线性序列。在该序列中,除第一个结点外,每个结点有且仅有一个直接前驱结点;除最后一个结点外,每个结点有且仅有一个直接后继结点。但是,二叉树中每个结点在这个序列中的直接前驱结点和直接后继结点是什么,二叉树的存储结构中并没有反映出来,只能在对二叉树遍历的动态过程中得到这些信息。为了保留结点在某种遍历序列中直接前驱和直接后继的位置信息,可以利用二叉树的二叉链表存储结构中的那些空指针域来指示。这些指向直接前驱结点和指向直接后继结点的指针被称为线索（thread）,加了线索的二叉树称为线索二叉树。

线索二叉树将为二叉树的遍历提供许多遍历。

2. 线索二叉树的结构

一个具有 n 个结点的二叉树若采用二叉链表存储结构,在 $2n$ 个指针域中只有 $n-1$ 个指针域是用来存储结点孩子的地址的,而另外 $n+1$ 个指针域存放的都是 NULL。因此,可以利用某结点空的左指针域（lchild）指出该结点在某种遍历序列中的直接前驱结点的存储地址,利用结点空的右指针域（rchild）指出该结点在某种遍历序列中的直接后继结点的存储地址;对于那些非空的指针域,则仍然存放指向该结点左、右孩子的指针。这样,就得到了一棵线索二叉树。

由于序列可由不同的遍历方法得到,因此,线索树有先序线索二叉树、中序线索二叉树和后序线索二叉树三种。把二叉树改造成线索二叉树的过程称为线索化。

对图 6-7（b）所示的二叉树进行线索化,得到先序线索二叉树、中序线索二叉树和后序线索二叉树分别如图 6-15（a）、（b）、（c）所示。图中实线表示指针,虚线表示线索。

那么,下面的问题是在存储中如何区别某结点的指针域内存放的是指针还是线索? 通常可以采用下面两种方法来实现。

（1）为每个结点增设两个标志位域 ltag 和 rtag，令：

$$ltag = \begin{cases} 0 & lchild\ 指向结点的左孩子 \\ 1 & lchild\ 指向结点的前驱结点 \end{cases}$$

$$rtag = \begin{cases} 0 & rchild\ 指向结点的右孩子 \\ 1 & rchild\ 指向结点的后继结点 \end{cases}$$

每个标志位令其只占一个 bit，这样就只需增加很少的存储空间。这样结点的结构为：

ltag	lchild	data	rchild	rtag

（2）不改变结点结构，仅在作为线索的地址前加一个负号，即负的地址表示线索，正的地址表示指针。

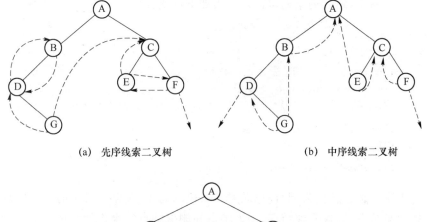

(a)　先序线索二叉树　　　　　　　(b)　中序线索二叉树

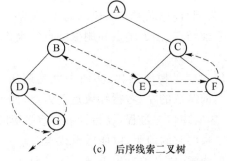

(c)　后序线索二叉树

图 6-15　线索二叉树

这里我们按第一种方法来介绍线索二叉树的存储。为了将二叉树中所有空指针域都利用上，以及操作便利的需要，在存储线索二叉树时往往增设一头结点，其结构与其他线索二叉树的结点结构一样，只是其数据域不存放信息，其左指针域指向二叉树的根结点，右指针域指向自己。而原二叉树在某序遍历下的第一个结点的前驱线索和最后一个结点的后继线索都指向该头结点。

图 6-16 给出了图 6-15(b)所示的中序线索树的完整的线索树存储。

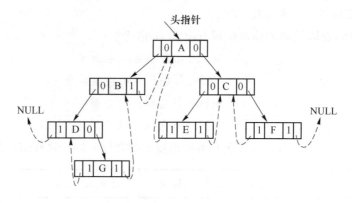

图 6-16   线索树中序线索二叉树的存储示意

6.4.2   线索二叉树的基本操作实现

在线索二叉树中,结点的结构可以定义为如下形式:

```
typedef char elemtype;
typedef struct BiThrNode {
    elemtype data;
    struct BiThrNode * lchild;
    struct BiThrNode * rchild;
    unsigned ltag:1;
    unsigned rtag:1;
}BiThrNodeType, * BiThrTree;
```

下面以中序线索二叉树为例,讨论线索二叉树的建立、线索二叉树的遍历以及在线索二叉树上查找前驱结点、查找后继结点、插入结点和删除结点等操作的实现算法。

1. 建立一棵中序线索二叉树

建立线索二叉树,或者说对二叉树线索化,实质上就是遍历一棵二叉树。在遍历过程中,访问结点的操作是检查当前结点的左、右指针域是否为空,如果为空,将它们改为指向前驱结点或后继结点的线索。为实现这一过程,设指针 pre 始终指向刚刚访问过的结点,即若指针 p 指向当前结点,则 pre 指向它的前驱,以便增设线索。

另外,在对一棵二叉树加线索时,必须首先申请一个头结点,建立头结点与二叉树的根结点的指向关系,对二叉树线索化后,还需建立最后一个结点与头结点之间的线索。

下面是建立中序线索二叉树的递归算法,其中 pre 为全局变量。

算法 6.13   中序线索二叉树

```
int   InOrderThr(BiThrTree * head,BiThrTree T)
{/ * 中序遍历二叉树 T,并将其中序线索化, * head 指向头结点。 * /
    if (!( * head = (BiThrNodeType * )malloc(sizeof(BiThrNodeType))))   return 0;
    ( * head) -> ltag = 0;   ( * head) -> rtag = 1;          / * 建立头结点 * /
    ( * head) -> rchild = * head;                           / * 右指针回指 * /
    if (! T)( * head) -> lchild = * head;                   / * 若二叉树为空,则左指针回指 * /
```

```
    else {( * head) -> lchild = T;   pre = head;
        InThreading(T);                              /* 中序遍历进行中序线索化 */
        pre -> rchild = * head;   pre -> rtag = 1;   /* 最后一个结点线索化 */
        ( * head) -> rchild = pre;
        }
    return 1;
}
```

算法 6.14　中序线索化

```
void InTreading(BiThrTree p)
{/ * 中序遍历进行中序线索化 * /
    if (p)
        { InThreading(p -> lchild);                  /* 左子树线索化 */
        if (!p -> lchild)                            /* 前驱线索 */
            { p -> ltag = 1;   p -> lchild = pre;
            }
        if (!pre -> rchild)                          /* 后继线索 */
            { pre -> rtag = 1;   pre -> rchild = p;
            }
        pre = p;
        InThreading(p -> rchild);                    /* 右子树线索化 */

        }
}
```

2. 在中序线索二叉树上查找任意结点的中序前驱结点

对于中序线索二叉树上的任一结点,寻找其中序的前驱结点,有以下两种情况:

(1) 如果该结点的左标志为 1,那么其左指针域所指向的结点便是它的前驱结点;

(2) 如果该结点的左标志为 0,表明该结点有左孩子,根据中序遍历的定义,它的前驱结点是以该结点的左孩子为根结点的子树的最右结点,即沿着其左子树的右指针链向下查找,当某结点的右标志为 1 时,它就是所要找的前驱结点。

在中序线索二叉树上寻找结点 p 的中序前驱结点的算法如下。

算法 6.15　在中序线索二叉树上寻找结点 p 的中序前驱结点

```
BiThrTree InPreNode(BiThrTree p)
{/ * 在中序线索二叉树上寻找结点 p 的中序前驱结点 * /
    BiThrTree pre;
    pre = p -> lchild;
    if (p -> ltag! = 1)
        while(pre -> rtag == 0) pre = pre -> rchild;
    return(pre);
}
```

3. 在中序线索二叉树上查找任意结点的中序后继结点

对于中序线索二叉树上的任一结点，寻找其中序的后继结点，有以下两种情况：

（1）如果该结点的右标志为 1，那么其右指针域所指向的结点便是它的后继结点；

（2）如果该结点的右标志为 0，表明该结点有右孩子，根据中序遍历的定义，它的前驱结点是以该结点的右孩子为根结点的子树的最左结点，即沿着其右子树的左指针链向下查找，当某结点的左标志为 1 时，它就是所要找的后继结点。

在中序线索二叉树上寻找结点 p 的中序后继结点的算法如下。

算法 6.16　在中序线索二叉树上寻找结点 p 的中序后继结点

```
BiThrTree InPostNode(BiThrTree p)
{/* 在中序线索二叉树上寻找结点 p 的中序后继结点 */
    BiThrTree post;
    post = p -> rchild;
    if (p -> rtag! = 1)
        while(post -> rtag == 0) post = post -> lchild;
    return(post);
}
```

以上给出的仅是在中序线索二叉树中寻找某结点的前驱结点和后继结点的算法。在前序线索二叉树中寻找结点的后继结点以及在后序线索二叉树中寻找结点的前驱结点可以采用同样的方法分析和实现，在此就不再讨论了。

4. 在中序线索二叉树上查找任意结点在先序下的后继

这一操作的实现依据是：若一个结点是某子树在中序下的最后一个结点，则它必是该子树在先序下的最后一个结点。该结论可以用反证法证明。

下面就依据这一结论，讨论在中序线索二叉树上查找某结点在先序下后继结点的情况。设开始时，指向此某结点的指针为 p。

（1）若待确定先序后继的结点为分支结点，则又有两种情况：

① 当 p-> ltag＝0 时，p-> lchild 为 p 在先序下的后继；

② 当 p-> ltag＝1 时，p-> rchild 为 p 在先序下的后继。

（2）若待确定先序后继的结点为叶子结点，则也有两种情况：

① 若 p-> rchild 是头结点，则遍历结束；

② 若 p-> rchild 不是头结点，则 p 结点一定是以 p-> rchild 结点为根的左子树中在中序遍历下的最后一个结点，因此 p 结点也是在该子树中按先序遍历的最后一个结点。此时，若 p-> rchild 结点有右子树，则所找结点在先序下的后继结点的地址为 p-> rchild -> rchild；若 p-> rchild 为线索，则让 p＝p-> rchild，反复进行情况（2）的判定。

在中序线索二叉树上寻找结点 p 的先序后继结点的算法如下。

算法 6.17　在中序线索二叉树上寻找结点 p 的先序后继结点

```
BiThrTree IPrePostNode(BiThrTree head,BiThrTree p)
{/* 在中序线索二叉树上寻找结点 p 的先序后继结点,head 为线索树的头结点 */
    BiThrTree post;
```

```
    if (p -> ltag == 0) post = p -> lchild;
    else { post = p;
        while(post -> rtag == 1&&post -> rchild! = head) post = post -> rchild;
        post = post -> rchild;
        }
    return(post);
}
```

5. 在中序线索二叉树上查找任意结点在后序下的前驱

这一操作的实现依据是:若一个结点是某子树在中序下的第一个结点,则它必是该子树在后序下的第一个结点。该结论可以用反证法证明。

下面就依据这一结论,讨论在中序线索二叉树上查找某结点在后序下前驱结点的情况。设开始时,指向此某结点的指针为 p。

(1) 若待确定后序前驱的结点为分支结点,则又有两种情况:

① 当 p -> ltag=0 时,p -> lchild 为 p 在后序下的前驱;

② 当 p -> ltag=1 时,p -> rchild 为 p 在后序下的前驱。

(2) 若待确定后序前驱的结点为叶子结点,则也有两种情况:

① 若 p -> lchild 是头结点,则遍历结束;

② 若 p -> lchild 不是头结点,则 p 结点一定是以 p -> lchild 结点为根的右子树中在中序遍历下的第一个结点,因此 p 结点也是在该子树中按后序遍历的第一个结点。此时,若 p -> lchild 结点有左子树,则所找结点在后序下的前驱结点的地址为 p -> lchild -> lchild;若 p -> lchild 为线索,则让 p=p -> lchild,反复进行情况(2)的判定。

在中序线索二叉树上寻找结点 p 的后序前驱结点的算法如下。

算法 6.18 在中序线索二叉树上寻找结点 p 的先序后继结点

```
BiThrTree IPostPretNode(BiThrTree head,BiThrTree p)
{/ * 在中序线索二叉树上寻找结点 p 的先序后继结点,head 为线索树的头结点 * /
    BiThrTree pre;
    if (p -> rtag == 0) pre = p -> rchild;
    else { pre = p;
        while(pre -> ltag == 1&& post -> rchild! = head) pre = pre -> lchild;
        pre = pre -> lchild;
        }
    return(pre);
}
```

6. 在中序线索二叉树上查找值为 x 的结点

利用在中序线索二叉树上寻找后继结点和前驱结点的算法,就可以遍历到二叉树的所有结点。比如,先找到按某序遍历的第一个结点,然后再依次查询其后继;或先找到按某序遍历的最后一个结点,然后再依次查询其前驱。这样,既不用栈也不用递归就可以访问到二叉树的所有结点。

在中序线索二叉树上查找值为 x 的结点,实质上就是在线索二叉树上进行遍历,将访问结点的操作具体写为该结点的值与 x 比较的语句。下面给出其算法。

算法 6.19　在中序线索二叉树上查找值为 x 的结点

```
BiThrTree Search(BiThrTree head,elemtype x)
{/* 在以 head 为头结点的中序线索二叉树中查找值为 x 的结点 */
    BiThrTree p;
    p = head -> lchild;
    while(p -> ltag == 0&&p! = head) p = p -> lchild;
    while(p! = head && p -> data! = x) p = InPostNode(p);
    if (p == head)
       { printf("Not Found the data! \n");
         return(0);
       }
    else  return(p);
}
```

7. 在中序线索二叉树上的更新

线索二叉树的更新是指,在线索二叉树中插入一个结点或者删除一个结点。一般情况下,这些操作有可能破坏原来已有的线索,因此,在修改指针时,还需要对线索做相应的修改。一般来说,这个过程的代价几乎与重新进行线索化相同。这里仅讨论一种比较简单的情况,即在中序线索二叉树中插入一个结点 p,使它成为结点 s 的右孩子。

下面分两种情况来分析:

(1) 若 s 的右子树为空,如图 6-17(a)所示,则插入结点 p 之后成为图 6-17(b)所示的情形。在这种情况中,s 的后继将成为 p 的中序后继,s 成为 p 的中序前驱,而 p 成为 s 的右孩子。二叉树中其他部分的指针和线索不发生变化。

(2) 若 s 的右子树非空,如图 6-18(a)所示,插入结点 p 之后如图 6-18(b)所示。s 原来的右子树变成 p 的右子树,由于 p 没有左子树,故 s 成为 p 的中序前驱,p 成为 s 的右孩子;又由于 s 原来的后继成为 p 的后继,因此还要将 s 原来指向 s 的后继的左线索改为指向 p。

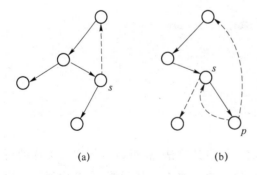

图 6-17　中序线索树更新位置右子树为空

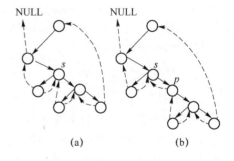

图 6-18　中序线索树更新位置右子树不为空

下面给出上述操作的算法。

算法 6.20 在中序线索二叉树上的更新

```
void InsertThrRight(BiThrTree s,BiThrTree p)
{/* 在中序线索二叉树中插入结点 p 使其成为结点 s 的右孩子 */
    BiThrTree w;
      p -> rchild = s -> rchild;
      p -> rtag = s -> rtag;
      p -> lchild = s;
      p -> ltag = 1;      /* 将 s 变为 p 的中序前驱 */
      s -> rchild = p;
      s -> rtag = 0;      /* p 成为 s 的右孩子 */
      if (p -> rtag == 0) /* 当 s 原来右子树不空时,找到 s 的后继 w,变 w 为 p 的后继,p 为 w 的前驱 */
        { w = InPostNode(p);
           w -> lchild = p;
        }
}
```

6.4.3 树、森林与二叉树的转换

前面我们讨论了树的存储结构和二叉树的存储结构,从中可以看到,树的孩子兄弟链表结构与二叉树的二叉链表结构在物理结构上是完全相同的,只是它们的逻辑含义不同,所以树和森林与二叉树之间必然有着密切的关系。本节我们就介绍树和森林与二叉树之间的相互转换方法。

1. 树转换为二叉树

对于一棵无序树,树中结点的各孩子的次序是无关紧要的,而二叉树中结点的左、右孩子结点是有区别的。为了避免混淆,我们约定树中每一个结点的孩子结点按从左到右的次序顺序编号,也就是说,把树作为有序树看待。如图 6-19 所示的一棵树,根结点 A 有三个孩子 B、C、D,可以认为结点 B 为 A 的第一个孩子结点,结点 D 为 A 的第三个孩子结点。

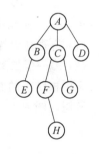

图 6-19 树

将一棵树转换为二叉树的方法是:

(1) 树中所有相邻兄弟之间加一条连线。

(2) 对树中的每个结点,只保留其与第一个孩子结点之间的连线,删去其与其他孩子结点之间的连线。

(3) 以树的根结点为轴心,将整棵树顺时针旋转一定的角度,使之结构层次分明。

可以证明,树做这样的转换所构成的二叉树是唯一的。图 6-20 给出了将图 6-19 所示的树转换为二叉树的转换过程示意。

通过转换过程可以看出,树中的任意一个结点都对应于二叉树中的一个结点。树中某结点的第一个孩子在二叉树中是相应结点的左孩子,树中某结点的右兄弟结点在二叉树中是相应结点的右孩子。也就是说,在二叉树中,左分支上的各结点在原来的树中是父子关系,而右分支上的各结点在原来的树中是兄弟关系。由于树的根结点没有兄弟,所以变换后二叉树的根结点的右孩子必然为空。

事实上,一棵树采用孩子兄弟表示法所建立的存储结构与它所对应的二叉树的二叉链

表存储结构是完全相同的,只是两个指针域的名称及解释不同而已,图 6-20 直观地表示了树与二叉树之间的对应关系和相互转换方法。

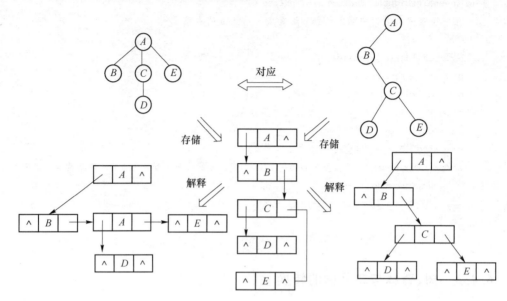

图 6-20　树与二叉树的对应关系

因此,二叉链表的有关处理算法可以很方便地转换为树的孩子兄弟链表的处理算法。

2. 森林转换为二叉树

森林是若干棵树的集合。树可以转换为二叉树,森林同样也可以转换为二叉树。因此,森林也可以方便地用孩子兄弟链表表示。森林转换为二叉树的方法如下:

（1）将森林中的每棵树转换成相应的二叉树。

（2）第一棵二叉树不动,从第二棵二叉树开始,依次把后一棵二叉树的根结点作为前一棵二叉树根结点的右孩子,当所有二叉树连在一起后,所得到的二叉树就是由森林转换得到的二叉树。图 6-21 给出了森林及其转换为二叉树的过程。

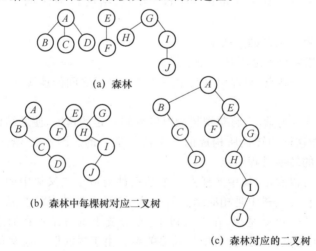

(a) 森林

(b) 森林中每棵树对应二叉树

(c) 森林对应的二叉树

图 6-21　森林转换为二叉树的过程

我们还可以用递归的方法描述上述转换过程：

将森林 F 看作树的有序集 $F=\{T_1,T_2,\cdots,T_N\}$，它对应的二叉树为 $B(F)$：

（1）若 $N=0$，则 $B(F)$ 为空。

（2）若 $N>0$，二叉树 $B(F)$ 的根为森林中第一棵树 T_1 的根；$B(F)$ 的左子树为 $B(\{T_{11},\cdots,T_{1m}\})$，其中 $\{T_{11},\cdots,T_{1m}\}$ 是 T_1 的子树森林；$B(F)$ 的右子树是 $B(\{T_2,\cdots,T_N\})$。

根据这个递归的定义，我们可以很容易地写出递归的转换算法。

3．二叉树还原为树或森林

树和森林都可以转换为二叉树，二者的不同是：树转换成的二叉树，其根结点必然无右孩子，而森林转换后的二叉树，其根结点有右孩子。将一棵二叉树还原为树或森林，具体方法如下：

（1）若某结点是其双亲的左孩子，则把该结点的右孩子、右孩子的右孩子……都与该结点的双亲结点用线连起来。

（2）删掉原二叉树中所有双亲结点与右孩子结点的连线。

（3）整理由（1）、（2）两步所得到的树或森林，使之结构层次分明。

图 6-22 为一棵二叉树还原为树的过程示意图。

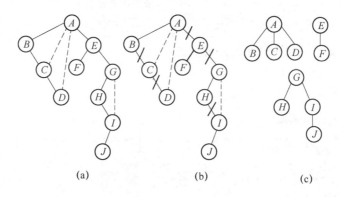

(a)　　　　　　(b)　　　　　　(c)

图 6-22　二叉树到森林的转换

同样，我们可以用递归的方法描述上述转换过程。

若 B 是一棵二叉树，T 是 B 的根结点，L 是 B 的左子树，R 为 B 的右子树，且 B 对应的森林 $F(B)$ 中含有的 n 棵树为 $T_1,T_2,\cdots,T_n$，则有：

（1）B 为空，则 $F(B)$ 为空的森林（$n=0$）。

（2）B 非空，则 $F(B)$ 中第一棵树 T_1 的根为二叉树 B 的根 T；T_1 中根结点的子树森林由 B 的左子树 L 转换而成，即 $F(L)=\{T_{11},\cdots,T_{1m}\}$；$B$ 的右子树 R 转换为 $F(B)$ 中其余树组成的森林，即 $F(R)=\{T_2,T_3,\cdots,T_n\}$。

根据这个递归的定义，我们同样可以写出递归的转换算法。

6.5　哈夫曼树及其应用

6.5.1　二叉树遍历的应用

在以上讨论的遍历算法中，访问结点的数据域信息，即操作 Visite(bt -> data) 具有更一般的意义,需根据具体问题,对 bt 数据进行不同的操作。下面介绍几个遍历操作的典型应用。

1. 查找数据元素

Search(bt,x)在 bt 为二叉树的根结点指针的二叉树中查找数据元素 x。查找成功时返回该结点的指针;查找失败时返回空指针。

算法实现如下,注意遍历算法中的 Visite(bt -> data)等同于其中的一组操作步骤。

算法 6.21　查找数据元素

```
BiTree   Search(BiTree bt,elemtype x)
{ / * 在 bt 为根结点指针的二叉树中查找数据元素 x * /
    BiTree   p;
    if (bt -> data == x) return bt;             / * 查找成功返回 * /
    if (bt -> lchild! = NULL) return(Search(bt -> lchild,x));
    / * 在 bt -> lchild 为根结点指针的二叉树中查找数据元素 x * /
    if (bt -> rchild! = NULL) return(Search(bt -> rchild,x));
    / * 在 bt -> rchild 为根结点指针的二叉树中查找数据元素 x * /
    return NULL;                                / * 查找失败返回 * /
}
```

2. 统计出给定二叉树中叶子结点的数目

(1) 顺序存储结构的实现

算法 6.22　统计叶子结点个数 1

```
int CountLeaf1(SqBiTree bt,int k)
{ / * 一维数组 bt[2k-1]为二叉树存储结构,k 为二叉树深度,函数值为叶子数。 * /
    total = 0;
    for(i = 1;i < = 2^k - 1;i + + )
      { if (bt[i]! = 0)
          { if ((bt[2i] == 0 && bt[2i + 1] == 0) ||(i>(2^k - 1)/2))
              total + + ;
          }
      }
    return(total);
}
```

(2) 二叉链表存储结构的实现

算法 6.23　统计叶子结点个数 2

```
int CountLeaf2(BiTree   bt)
{ / * 开始时,bt 为根结点所在链结点的指针,返回值为 bt 的叶子数 * /
    if (bt == NULL) return(0);
    if (bt -> lchild == NULL && bt -> rchild == NULL) return(1);
    return(CountLeaf2(bt -> lchild) + CountLeaf2(bt -> rchild));
}
```

3. 创建二叉树二叉链表存储，并显示

设创建时，按二叉树带空指针的先序次序输入结点值，结点值类型为字符型。输出按中序输出。

CreateBinTree(BinTree * bt)是以二叉链表为存储结构建立一棵二叉树 T 的存储，bt 为指向二叉树 T 根结点指针的指针。设建立时的输入序列为：AB0D00CE00F00。

建立如图 6-7(b)所示的二叉树存储。

InOrderOut(bt)为按中序输出二叉树 bt 的结点。

算法实现如下，注意在创建算法中，遍历算法中的 Visite(bt -> data)被读入结点、申请空间存储的操作所代替；在输出算法中，遍历算法中的 Visite(bt -> data)被 C 语言中的格式输出语句所代替。

算法 6.24　先序序列建立二叉树

```
void CreateBinTree(BinTree  * T)
{/ * 以加入结点的先序序列输入,构造二叉链表 * /
  char ch;
  scanf("\n % c",&ch);
  if (ch == '0')   * T = NULL;                  / * 读入 0 时,将相应结点置空 * /
  else { * T = (BinTNode * )malloc(sizeof(BinTNode));/ * 生成结点空间 * /
      ( * T) -> data = ch;
      CreateBinTree(&( * T) -> lchild);          / * 构造二叉树的左子树 * /
      CreateBinTree(&( * T) -> rchild);          / * 构造二叉树的右子树 * /
      }
}
void InOrderOut(BinTree T)
{/ * 中序遍历输出二叉树 T 的结点值 * /
  if (T)
    { InOrderOut(T -> lchild);                  / * 中序遍历二叉树的左子树 * /
      printf(" % 3c",T -> data);                 / * 访问结点的数据 * /
      InOrderOut(T -> rchild);                  / * 中序遍历二叉树的右子树 * /
      }
}
main()
{BiTree bt;
 CreateBinTree(&bt);
 InOrderOut(bt);
 }
```

4. 表达式运算

我们可以把任意一个算数表达式用一棵二叉树表示，图 6-23 所示为表达式 $3x^2 + x - 1/x + 5$ 的二叉树表示。在表达式二叉树中，每个叶结点都是操作数，每个非叶结点都是运算符。对于一个非叶子结点，它的左、右子树分别是它的两个操作数。

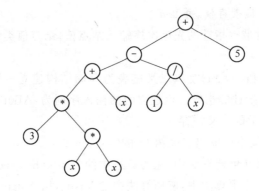

图 6-23　表达式 $3x^2+x-1/x+5$ 的二叉树表示示意

对该二叉树分别进行先序、中序和后序遍历，可以得到表达式的三种不同表示形式。

前缀表达式　　　＋－＋＊3＊xxx/1x5

中缀表达式　　　3＊x＊x＋x－1/x＋5

后缀表达式　　　3xx＊＊x＋1x/－5＋

中缀表达式是经常使用的算术表达式，前缀表达式和后缀表达式分别称为波兰式和逆波兰式，它们在编译程序中有着非常重要的作用。

6.5.2　最优二叉树——哈夫曼树

1. 哈夫曼树的基本概念

最优二叉树，也称哈夫曼（Haffman）树，是指对于一组带有确定权值的叶结点，构造的具有最小带权路径长度的二叉树。

那么什么是二叉树的带权路径长度呢？

在前面我们介绍过路径和结点的路径长度的概念，而二叉树的路径长度则是指由根结点到所有叶结点的路径长度之和。如果二叉树中的叶结点都具有一定的权值，则可将这一概念加以推广。设二叉树具有 n 个带权值的叶结点，那么从根结点到各个叶结点的路径长度与相应结点权值的乘积之和叫作二叉树的带权路径长度，记为：

$$\text{WPL} = \sum_{k=1}^{n} W_k \cdot L_k$$

其中，W_k 为第 k 个叶结点的权值，L_k 为第 k 个叶结点的路径长度。如图 6-24 所示的二叉树的带权路径长度值 $\text{WPL}=2\times2+4\times2+5\times2+3\times2=28$。

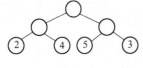

图 6-24　一个带权二叉树

给定一组具有确定权值的叶结点，可以构造出不同的带权二叉树。例如，给出 4 个叶结点，设其权值分别为 1,3,5,7，我们可以构造出形状不同的多个二叉树。这些形状不同的二叉树的带权路径长度将各不相同。图 6-25 给出了其中 5 个不同形状的二叉树。

这五棵树的带权路径长度分别为：

（a）$\text{WPL}=1\times2+3\times2+5\times2+7\times2=32$

（b）$\text{WPL}=1\times3+3\times3+5\times2+7\times1=29$

（c）$\text{WPL}=1\times2+3\times3+5\times3+7\times1=33$

（d）WPL＝7×3＋5×3＋3×2＋1×1＝43

（e）WPL＝7×1＋5×2＋3×3＋1×3＝29

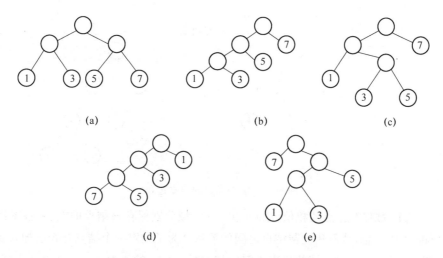

图 6-25　具有相同叶子结点和不同带权路径长度的二叉树

由此可见，由相同权值的一组叶子结点所构成的二叉树有不同的形态和不同的带权路径长度，那么如何找到带权路径长度最小的二叉树（即哈夫曼树）呢？根据哈夫曼树的定义，一棵二叉树要使其 WPL 值最小，必须使权值越大的叶结点越靠近根结点，而权值越小的叶结点越远离根结点。哈夫曼依据这一特点提出了一种方法，这种方法的基本思想是：

（1）由给定的 n 个权值 $\{W_1,W_2,\cdots,W_n\}$ 构造 n 棵只有一个叶结点的二叉树，从而得到一个二叉树的集合 $F＝\{T_1,T_2,\cdots,T_n\}$；

（2）在 F 中选取根结点的权值最小和次小的两棵二叉树作为左、右子树构造一棵新的二叉树，这棵新的二叉树根结点的权值为其左、右子树根结点权值之和；

（3）在集合 F 中删除作为左、右子树的两棵二叉树，并将新建立的二叉树加入到集合 F 中；

（4）重复（2）和（3）两步，当 F 中只剩下一棵二叉树时，这棵二叉树便是所要建立的哈夫曼树。

图 6-26 给出了前面提到的叶结点权值集合为 $W＝\{1,3,5,7\}$ 的哈夫曼树的构造过程。可以计算出其带权路径长度为 29，由此可见，对于同一组给定叶结点所构造的哈夫曼树，树的形状可能不同，但带权路径长度值是相同的，一定是最小的。

2. 哈夫曼树的构造算法

在构造哈夫曼树时，可以设置一个结构数组 HuffNode 保存哈夫曼树中各结点的信息，根据二叉树的性质可知，具有 n 个叶子结点的哈夫曼树共有 $2n-1$ 个结点，所以数组 Huff-Node 的大小设置为 $2n-1$，数组元素的结构形式如下：

weight	lchild	rchild	parent

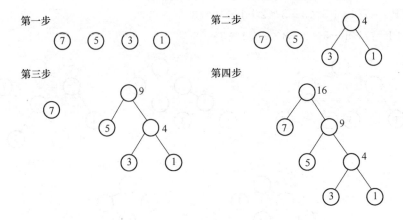

图 6-26　哈夫曼树的建立过程

其中，weight 域保存结点的权值，lchild 和 rchild 域分别保存该结点的左、右孩子结点在数组 HuffNode 中的序号，从而建立起结点之间的关系。为了判定一个结点是否已加入到要建立的哈夫曼树中，可通过 parent 域的值来确定。初始时 parent 的值为 −1，当结点加入到树中时，该结点 parent 的值为其双亲结点在数组 HuffNode 中的序号，就不会是 −1 了。

构造哈夫曼树时，首先将由 n 个字符形成的 n 个叶结点存放到数组 HuffNode 的前 n 个分量中，然后根据前面介绍的哈夫曼方法的基本思想，不断将两个小子树合并为一个较大的子树，每次构成的新子树的根结点顺序放到 HuffNode 数组中的前 n 个分量的后面。

下面给出哈夫曼树的构造算法。

算法 6.25　构造哈夫曼树

```
#define MAXVALUE 10000                              /* 定义最大权值 */
#define MAXLEAF 30                                   /* 定义哈夫曼树中叶子结点个数 */
#define MAXNODE  MAXLEAF * 2 − 1
typedef struct {
    int weight;
    int parent;
    int lchild;
    int rchild;
}HNodeType;
void  HaffmanTree(HNodeType HuffNode[ ])
{/* 哈夫曼树的构造算法 */
    int i,j,m1,m2,x1,x2,n;
    scanf("% d",&n);                                 /* 输入叶子结点个数 */
    for(i = 0;i < 2 * n-1;i + + )                     /* 数组 HuffNode[ ]初始化 */
       { HuffNode[i].weight = 0;
         HuffNode[i].parent = − 1;
         HuffNode[i].lchild = − 1;
         HuffNode[i].rchild = − 1;
```

```
        }
    for(i = 0;i < n;i++) scanf("% d",&HuffNode[i].weight);    /* 输入 n 个叶子结点的权值 */
    for(i = 0;i < n - 1;i++)                        /* 构造哈夫曼树 */
      { m1 = m2 = MAXVALUE;
        x1 = x2 = 0;
        for(j = 0;j < n + i;j++)
          { if (HuffNode[j].weight < m1 && HuffNode[j].parent = = - 1)
              { m2 = m1;      x2 = x1;
                m1 = HuffNode[j].weight;      x1 = j;
              }
            else if (HuffNode[j].weight < m2 && HuffNode[j].parent = = - 1)
                { m2 = HuffNode[j].weight;
                  x2 = j;
                }
          }
        /* 将找出的两棵子树合并为一棵子树 */
        HuffNode[x1].parent = n + i;            HuffNode[x2].parent = n + i;
        HuffNode[n + i].weight = HuffNode[x1].weight + HuffNode[x2].weight;
        HuffNode[n + i].lchild = x1;   HuffNode[n + i].rchild = x2;
      }
  }
```

3. 哈夫曼树在编码问题中的应用

在数据通信中,经常需要将传送的文字转换成由二进制字符 0,1 组成的二进制串,我们称之为编码。例如,假设要传送的电文为 ABACCDA,电文中只含有 A、B、C、D 四种字符,若这四种字符采用图 6-27(a)所示的编码,则电文的代码为 000010000100100111000,长度为 21。在传送电文时,我们总是希望传送时间尽可能短,这就要求电文代码尽可能短,显然,这种编码方案产生的电文代码不够短。图 6-27(b)所示为另一种编码方案,用此编码对上述电文进行编码所建立的代码为 00010010101100,长度为 14。在这种编码方案中,四种字符的编码均为两位,是一种等长编码。如果在编码时考虑字符出现的频率,让出现频率高的字符采用尽可能短的编码,出现频率低的字符采用稍长的编码,构造一种不等长编码,则电文的代码就可能更短。如当字符 A、B、C、D 采用图 6-27(c)所示的编码时,上述电文的代码为 0110010101110,长度仅为 13。

字符	编码
A	000
B	010
C	100
D	111

(a)

字符	编码
A	00
B	01
C	10
D	11

(b)

字符	编码
A	0
B	110
C	10
D	111

(c)

字符	编码
A	01
B	010
C	001
D	10

(d)

图 6-27　字符的四种不同的编码方案

哈夫曼树可用于构造使电文的编码总长最短的编码方案。具体做法如下:设需要编码

的字符集合为 $\{d_1, d_2, \cdots, d_n\}$，它们在电文中出现的次数或频率集合为 $\{w_1, w_2, \cdots, w_n\}$，以 $d_1, d_2, \cdots, d_n$ 作为叶结点，$w_1, w_2, \cdots, w_n$ 作为它们的权值，构造一棵哈夫曼树，规定哈夫曼树中的左分支代表 0，右分支代表 1，则从根结点到每个叶结点所经过的路径分支组成的 0 和 1 的序列便为该结点对应字符的编码，我们称为哈夫曼编码。

在哈夫曼编码树中，树的带权路径长度的含义是各个字符的码长与其出现次数的乘积之和，也就是电文的代码总长，所以采用哈夫曼树构造的编码是一种能使电文代码总长最短的不等长编码。

在建立不等长编码时，必须使任何一个字符的编码都不是另一个字符编码的前缀，这样才能保证译码的唯一性。例如，图 6-27(d) 的编码方案，字符 A 的编码 01 是字符 B 的编码 010 的前缀部分，这样对于代码串 0101001，既是 AAC 的代码，也是 ABD 和 BDA 的代码，因此，这样的编码不能保证译码的唯一性，我们称为具有二义性的译码。

然而，采用哈夫曼树进行编码，则不会产生上述二义性问题。因为在哈夫曼树中，每个字符结点都是叶结点，它们不可能在根结点到其他字符结点的路径上，所以一个字符的哈夫曼编码不可能是另一个字符的哈夫曼编码的前缀，从而保证了译码的非二义性。

下面讨论实现哈夫曼编码的算法。实现哈夫曼编码的算法可分为两大部分：

（1）构造哈夫曼树；

（2）在哈夫曼树上求叶结点的编码。

求哈夫曼编码，实质上就是在已建立的哈夫曼树中，从叶结点开始，沿结点的双亲链域回退到根结点，每回退一步，就走过了哈夫曼树的一个分支，从而得到一位哈夫曼码值，由于一个字符的哈夫曼编码是从根结点到相应叶结点所经过的路径上各分支所组成的 0,1 序列，因此先得到的分支代码为所求编码的低位码，后得到的分支代码为所求编码的高位码。我们可以设置一结构数组 HuffCode 用来存放各字符的哈夫曼编码信息，数组元素的结构如下：

bit	start

其中，分量 bit 为一维数组，用来保存字符的哈夫曼编码，start 表示该编码在数组 bit 中的开始位置。所以，对于第 i 个字符，它的哈夫曼编码存放在 HuffCode[i]. bit 中的从 HuffCode[i]. start 到 n 的分量上。

哈夫曼编码算法描述如下。

算法 6.26　哈夫曼编码

```
#define MAXBIT 10           /*定义哈夫曼编码的最大长度*/
typedef struct {
    int bit[MAXBIT];
    int start;
    }HCodeType;
void HaffmanCode()
{ /*生成哈夫曼编码*/
    HNodeType HuffNode[MAXNODE];
```

```
HCodeType HuffCode[MAXLEAF],cd;
int i,j,c,p;
HuffmanTree(HuffNode);              /*建立哈夫曼树*/
for(i=0;i<n;i++)                    /*求每个叶子结点的哈夫曼编码*/
    { cd.start = n-1;   c = i;
     p = HuffNode[c].parent;
     while(p! = 0)                  /*由叶结点向上直到树根*/
         { if (HuffNode[p].lchild == c) cd.bit[cd.start] = 0;
          else  cd.bit[cd.start] = 1;
          cd.start -- ;    c = p;
          p = HuffNode[c].parent;
          }
      for(j=cd.start+1;j<n;j++)/*保存求出的每个叶结点的哈夫曼编码和编码的起始位*/
          HuffCode[i].bit[j] = cd.bit[j];
       HuffCode[i].start = cd.start;
     }
  for(i=0;i<n;i++)                  /*输出每个叶子结点的哈夫曼编码*/
    { for(j=HuffCode[i].start+1;j<n;j++)
          printf(" %ld",HuffCode[i].bit[j]);
      printf("\n");
     }
 }
```

4. 哈夫曼树在判定问题中的应用

例如,要编制一个将百分制转换为五级分制的程序。显然,此程序很简单,只要利用条件语句便可完成。如:

```
if (a<60) b = "bad";
else if (a<70) b = "pass"
    else if (a<80) b = "general"
        else if (a<90) b = "good"
            else b = "excellent";
```

这个判定过程可以图6-28(a)所示的判定树来表示。如果上述程序需反复使用,而且每次的输入量很大,则应考虑上述程序的质量问题,即其操作所需要的时间。因为在实际中,学生的成绩在五个等级上的分布是不均匀的,假设其分布规律如表6-2所示。

表6-2 学生成绩分布

分数	0～59	60～69	70～79	80～89	90～100
比例数	0.05	0.15	0.40	0.30	0.10

80%以上的数据需进行三次或三次以上的比较才能得出结果。假定以5,15,40,30和10为权构造一棵有五个叶子结点的哈夫曼树,则可得到如图6-28(b)所示的判定过程,它可

使大部分的数据经过较少的比较次数得出结果。但由于每个判定框都有两次比较,将这两次比较分开,得到如图 6-28(c)所示的判定树,按此判定树可写出相应的程序。假设有 10 000 个输入数据,若按图 6-28(a)的判定过程进行操作,则总共需进行 31 500 次比较;而若按图 6-28(c)的判定过程进行操作,则总共仅需进行 22 000 次比较。

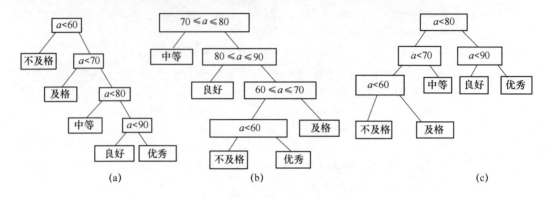

图 6-28 转换五级分制的判定过程

本 章 小 结

本章主要介绍了二叉树的定义、性质和存储表示,二叉树的遍历和线索化,树的概念、存储表示和遍历,树、森林与二叉树的相互转换以及二叉树的应用等。

树是一种常见的树形结构,它常用的存储表示有三种:父指针表示法、子表表示法和孩子-兄弟表示法。遍历是树上的重要操作,树遍历主要有先序遍历和后序遍历。

二叉树是一类重要的树形结构,但它不是树的特例。在二叉树中严格地区分左、右子树。二叉树常用的存储方式是 llink-rlink 表示。

二叉树遍历的方式主要有先序遍历、中序遍历、后序遍历和层次遍历。每种遍历方法都可写出它们的递归算法和非递归算法。

线索二叉树是二叉树的一种特殊链接表示。穿线后不用栈就可以实现二叉树的遍历。采用哈夫曼树可以构造出一种非常有用的二叉树——哈夫曼树。哈夫曼编码仅仅是其应用的一个特例。

二叉树和树的各种存储方式是本章学习的重点。这些存储方式都应该包含所有结点和结点之间关系的信息,不同的表示原则上应该可以相互转换。

由于树、森林和二叉树之间存在对应关系,所以常常把树与森林转换为二叉树处理。这使得二叉树的讨论和它的 llink-rlink 表示更加重要。

练 习 题

一、判断题

1. 若二叉树用二叉链表作存储结构,则在 n 个结点的二叉树链表中只有 $n-1$ 个非空指针域。

2. 二叉树中每个结点的两棵子树的高度差等于 1。

3. 二叉树中每个结点的两棵子树是有序的。

4. 二叉树中每个结点有两棵非空子树或有两棵空子树。

5. 二叉树中所有结点个数是 $2^{k-1}-1$，其中 k 是树的深度。

6. 对于一棵非空二叉树，它的根结点作为第一层，则它的第 i 层上最多能有 2^i-1 个结点。

7. 用二叉链表法存储包含 n 个结点的二叉树，结点的 $2n$ 个指针区域中有 $n+1$ 个为空指针。

8. 具有 12 个结点的完全二叉树有 5 个度为 2 的结点。

9. 二叉树中每个结点的关键字值大于其左非空子树（若存在的话）所有结点的关键字值，且小于其右非空子树（若存在的话）所有结点的关键字值。

10. 二叉树的先序遍历序列中，任意一个结点均处在其孩子结点的前面。

二、填空题

1. 由 3 个结点所构成的二叉树有_____种形态。

2. 一棵深度为 6 的满二叉树有_____个分支结点和_____个叶子。

3. 一棵具有 257 个结点的完全二叉树，它的深度为_____。

4. 设一棵完全二叉树有 700 个结点，则共有_____个叶子结点。

5. 设一棵完全二叉树具有 1 000 个结点，则此完全二叉树有_____个叶子结点，有_____个度为 2 的结点，有_____个结点只有非空左子树，有_____个结点只有非空右子树。

6. 一棵含有 n 个结点的 k 叉树，可能达到的最大深度为_____，最小深度为_____。

7. 二叉树的基本组成部分是：根（N）、左子树（L）和右子树（R）。因而二叉树的遍历次序有六种。最常用的是三种：前序法（即按 N L R 次序）、后序法（即按 LRN 次序）和中序法（也称对称序法，即按 L N R 次序）。这三种方法相互之间有关联。若已知一棵二叉树的前序序列是 BEFCGDH，中序序列是 FEBGCHD，则它的后序序列必是_____。

8. 用 5 个权值{3,2,4,5,1}构造的哈夫曼树的带权路径长度是_____。

三、选择题

1. 树最适合用来表示（　　）。

A. 有序数据元素　　　　　　　　B. 无序数据元素

C. 元素之间具有分支层次关系的数据　D. 元素之间无联系的数据

2. 假定在一棵二叉树中，双分支结点数为 15，单分支结点数为 30，则叶子结点数为（　　）个。

A. 15　　　　　　B. 16　　　　　　C. 17　　　　　　D. 47

3. 假定一棵三叉树的结点数为 50，则它的最小高度为（　　）。

A. 3　　　　　　B. 4　　　　　　C. 5　　　　　　D. 6

4. 在一棵二叉树上第 5 层的结点数最多为（　　）。

A. 8　　　　　　B. 16　　　　　　C. 15　　　　　　D. 32

5. 用顺序存储方法将完全二叉树中的所有结点逐层存放在数组 $R[1..n]$ 中，若结点 $R[i]$ 有子树，则左子树是结点（　　）。

A. $R[2i+1]$　　　B. $R[2i]$　　　　C. $R[i/2]$　　　D. $R[2i-1]$

6. 在一棵具有 k 层的满三叉树中,结点总数为（　　）。

A. $(3^k-1)/2$ 　　　B. 3^k-1 　　　　C. $(3^k-1)/3$ 　　　D. 3^k

7. 由 4 个叶子结点,权值分别为 9、2、5、7 的数据集造一棵哈夫曼树,该树的带权路径长度为（　　）。

A. 29 　　　　　B. 37 　　　　　C. 46 　　　　　D. 44

8. 具有 $n(n>0)$ 个结点的完全二叉树的深度为（　　）。

A. $\lceil \log_2(n) \rceil$ 　　B. $\lfloor \log_2(n) \rfloor$ 　　C. $\lfloor \log_2(n) \rfloor+1$ 　　D. $\lceil \log_2(n)+1 \rceil$

9. 由 n 个数据元素构造的哈夫曼树,共有（　　）个结点。

A. $n-1$ 　　　　B. $2n-1$ 　　　　C. $2n$ 　　　　　D. $2n+1$

10. 任何一棵二叉树的叶子结点在先序、中序和后序遍历序列中的相对次序（　　）。

A. 不发生改变　　　B. 发生改变　　　C. 不能确定　　　D. 以上都不对

11. 设 a、b 为一棵二叉树上的两个结点,在中序遍历中,a 在 b 前面的条件是（　　）。

A. a 在 b 的右方　　B. a 在 b 的左方　　C. a 是 b 的祖先　　D. a 是 b 的子孙

12. 如下图所示,其中（　　）不是完全二叉树。

13. 在线索二叉树中,t 所指结点没有左子树的充要条件是（　　）。

A. t->lchild==NULL

B. t->ltag==1

C. t->ltag==1 && t->lchild==NULL

D. 以上都不对

14. 设高度为 h 的二叉树上只有度为 0 和度为 2 的结点,则此类二叉树中所包含的结点数至少为（　　）。

A. $2h$ 　　　　　B. $2h-1$ 　　　　C. $2h+1$ 　　　　D. $h+1$

15. 以下说法中错误的是（　　）。

A. 哈夫曼树是带权路径长度最短的树,路径上权值较大的结点离根较近

B. 若一个二叉树的树叶是某子树中序遍历序列中的第一个结点,则它必是该子树后序遍历序列中的第一个结点

C. 已知二叉树的前序遍历和后序遍历并不能唯一地确定这棵树,因为不知道树的根结点是哪一个

D. 在前序遍历二叉树的序列中任何结点其子树的结点都是直接跟在该结点之后的

16. 二叉树在线索化后,仍不能有效求解的问题是（　　）。

A. 先序线索二叉树中求先序后继　　　B. 中序线索二叉树中求中序后继
C. 中序线索二叉树中求中序前驱　　　D. 后序线索二叉树中求后序后继

17. 一棵有 124 个叶结点的完全二叉树,最多有（　　）个结点。

A. 247 　　　　B. 248 　　　　C. 249 　　　　D. 250

18. 如果完全二叉树结点的后序序列是 abcdefgh,则结点的前序序列（　　）。

A. 不能唯一确定　　　　　　　　B. 是 hgfedcba

C. 是 abdchegf   D. 是 hdbacgef

19. 根据使用频率为五个字符设计的哈夫曼编码不可能是(   )。

A. 111,110,10,01,00   B. 000,001,010,011,1

C. 100,11,10,1,0   D. 001,000,01,11,10

20. 用整数1,2,3,4,5作为五个树叶的权值,可构造一棵带树路径长度值为(   )的
哈夫曼树。

A. 33   B. 15   C. 34   D. 54

四、简答题

1. 给定二叉树的两种遍历序列,前序遍历序列:DACEBHFGI;中序遍历序列:DCBE-HAGIF。试画出二叉树 B,并简述由任意二叉树 B 的前序遍历序列和中序遍历序列求二叉树 B 的思想方法。

2. 若根据题图 6-1 中所示的二叉树建立线索二叉树,请在图中画出其中表示前驱的线索,并写出求结点后继的规律。

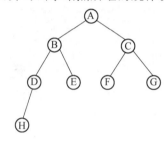

题图 6-1

3. 如题图 6-2 所示,一棵二叉树的结点数据采用顺序存储结构存储于数组中,请画出该二叉树的链式存储表示。

1	2	3	4	5	6	7	8	9	10	11	12	13	14	15	16	17	18	19	20	21
e	a	f		d		g			c	j			i	h						b

题图 6-2

4. 试写出题图 6-3 所示二叉树的"先序、中序、后序"遍历时得到的结点序列。

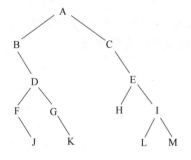

题图 6-3

5. 把题图 6-4 所示的树转换成二叉树。

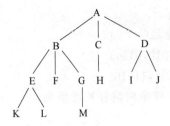

题图 6-4

6. 画出与题图 6-5 二叉树相应的森林。

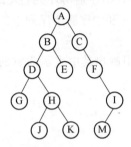

题图 6-5

7. 证明题

（1）本章"性质 2、性质 3、性质 4"的证明。

（2）证明在有 n 个结点的二叉链表中必定有 $n+1$ 个空链域。

（3）试证明在 Huffman 树中共有 $2n-1$ 个结点。

（4）任意一个有 n 个结点的二叉树，已知它有 m 个叶子结点，试证明非叶子结点有 $(m-1)$ 个度数为 2。

8. 若以数据集 $\{4,5,6,7,10,12,18\}$ 为结点的权值构造 Huffman 树，试画出该 Huffman 树，并计算带权路径长度 WPL。

五、算法设计题

1. 编写按层次顺序（同一层自左至右）遍历二叉树的算法。

2. 已知一棵具有 n 个结点的完全二叉树被顺序存储于一维数组 A 中，试编写一个算法打印出编号为 i 的结点的双亲和所有的孩子。

3. 假设用于通信的电文仅由 8 个字母组成，字母在电文中出现的频率分别为 0.07，$0.19,0.02,0.06,0.32,0.03,0.21,0.10$。试为这 8 个字母设计哈夫曼编码。

第7章 图

学习目标

　　图是我们要学习的第三种数据结构,也是最复杂的数据结构。在第 2 章里学习了线性表,数据元素之间的关系是 1∶1 的;在第 6 章里学习了树,数据元素之间的关系是 1∶n;在本章中我们要学习的图数据关系是什么样的呢,我们可以想象一下,交通网络、通信网络都可以看作是图的结构,可以看到,数据元素之间是 n∶m 的关系。图是一种比较复杂的非线性数据结构。

　　图作为一种复杂的非线性数据结构,被广泛应用于多个技术领域,如系统工程、化学分析、统计力学、遗传学、控制论、计算机的人工智能、编译系统等领域,在这些技术领域中把图结构作为解决问题的数学手段之一。

知识要点

　　(1) 图的定义和存储。

　　(2) 图的遍历。

　　(3) 最小生成树。

　　(4) 拓扑排序。

　　(5) 关键路径。

　　(6) 最短路径。

　　在本章中,主要是应用图论的理论知识来讨论如何在计算机上表示和处理图,以及如何利用图来解决一些实际问题。

7.1　图的定义与基本术语

7.1.1　图的定义

　　图是由顶点的有穷非空集合和顶点之间边的集合组成的,通常表示为:$G(V,E)$,其中,G 表示一个图,V 是图 G 中顶点的集合(顶点集不能为空),E 是图 G 中边的集合(边集可以为空)。

　　图 7-1 分别给出了一个有向图和一个无向图的示例,分别包含若干条边和顶点。

　　在图 G_1 中,顶点集合:$V(G_1)=\{1,2,3,4,5,6\}$,边集合:$E(G_1)=\{<1,2>,<2,1>,<2,3>,<2,4>,<3,5>,<5,6>,<6,3>\}$。

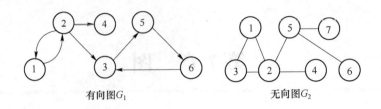

图 7-1　有向图和无向图

在图 G_2 中,顶点集合: $V(G_2)=\{1,2,3,4,5,6,7\}$,边集合: $E(G_2)=\{(1,2),(1,3),(2,3),$ $(2,4),(2,5),(5,6),(5,7)\}$。

对于图的定义,我们要明确几个应注意的地方。

(1) 线性表中数据元素叫元素,树中数据元素叫结点,图中数据元素称为顶点。

(2) 线性表中可以没有数据元素,称为空表;树中可以没有数据元素,称为空树;在图中不允许没有顶点,即图不可空。

(3) 线性表中,相邻两元素之间具有线性关系;树结构中,相邻两层结点具有层次关系;图中,任意两个顶点之间都可能有关系。

7.1.2　基本术语

1. 边-弧-顶点

图 7-1 中 G_2 每条边都没有方向,这样的图称为无向图(undigraph),图 G_1 每条边都有方向,称为有向图(digraph)。

图 7-1 有向图 G_1 中<1,2>属于图中边的集合,则<1,2>表示从顶点 1 到顶点 2 的一条弧(arc),并称 1 为弧尾(tail)或起始点,称 2 为弧头(head)或终端点。

图 7-1 无向图 G_2 中,(1,2)属于图中边的集合,表示 1 和 2 之间的一条边(edge),同时 2 和 1 之间也有一条边,因为这条边是无向的,此时的图称为无向图。

2. 完全图-稀疏图-稠密图-子图

我们设 n 表示图中顶点的个数,用 e 表示图中边或弧的数目,并且不考虑图中每个顶点到其自身的边或弧。即若<v_i,v_j>∈V(边集合),则 $v_i\neq v_j$。对于无向图而言,其边数 e 的取值范围是 $0\sim n(n-1)/2$。我们称有 $n(n-1)/2$ 条边(图中每个顶点和其余 $n-1$ 个顶点都有边相连)的无向图为无向完全图。对于有向图而言,其边数 e 的取值范围是 $0\sim n(n-1)$。我们称有 $n(n-1)$ 条边(图中每个顶点和其余 $n-1$ 个顶点都有弧相连)的有向图为有向完全图(如图 7-2 所示)。对于有很少条边的图($e<n\log_2 n$)称为稀疏图,反之称为稠密图。

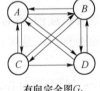

有向完全图 G_1

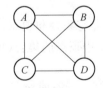

无向完全图 G_2

图 7-2　完全图

设有两个图 $G=(V,\{E\})$ 和图 $G'=(v',\{E'\})$，若 $v'\leqslant v$ 且 $E'\leqslant E$，则称图 G' 为 G 的子图。图 7.3 给出了几个子图示例。

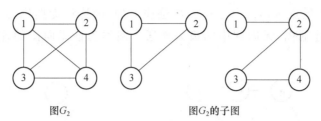

图 G_2 图 G_2 的子图

图 7-3 图和子图

3. 邻接点顶点的度（出度、入度）、权值与网

（1）邻接点

对于无向图 $G=(V,\{E\})$，如果边 $(v,v')\in E$，则称顶点 v、v' 互为邻接点，即 v、v' 相邻接。边 (v,v') 依附于顶点 v 和 v'，或者说边 (v,v') 与顶点 v 和 v' 相关联。对于有向图 $G=(V,\{A\})$ 而言，若弧 $<v,v'>\in A$，则称顶点 v 邻接到顶点 v'，顶点 v' 邻接自顶点 v，或者说弧 $<v,v'>$ 与顶点 v、v' 相关联。

（2）度、入度和出度

对于无向图而言，顶点 v 的度是指和 v 相关联的边的数目，记作 $TD(v)$。例如，图 7-2 中 G_2 中顶点 A 的度是 3，B 的度是 3；在有向图中顶点 v 的度分出度和入度两部分，其中以顶点 v 为弧头的弧的数目称为该顶点的入度，记作 $ID(v)$，以顶点 v 为弧尾的弧的数目称为该顶点的出度，记作 $OD(v)$，则顶点 v 的度为 $TD(v)=ID(v)+OD(v)$。例如，图 G_1 中顶点 A 的入度是 $ID(A)=3$，出度 $OD(A)=3$，顶点 A 的度 $TD(A)=ID(A)+OD(A)=6$。

（3）权与网

在实际应用中，有时图的边或弧往往与具有一定意义的数有关，即每一条边都有与它相关的数值，称为权，这些权可以表示从一个顶点到另一个顶点的距离或耗费等信息。我们将这种带权的图叫作赋权图或网，如图 7-4 所示。

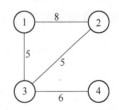

图 7-4 带权值的图、网络

（4）路径与回路

无向图 $G=(V,\{E\})$ 中从顶点 v 到 v' 的路径是一个顶点序列 $v_{i0},v_{i1},v_{i2},\cdots,v_{in}$，其中 $(v_{ij-1},v_{ij})\in E$，$1\leqslant j\leqslant n$。如果图 7-5 是有向图，则路径也是有向的，顶点序列应满足 $<v_{ij-1},v_{ij}>\in A$，$1\leqslant j\leqslant n$。路径的长度是指路径上经过的弧或边的数目。在一个路径中，若其第一个顶点和最后一个顶点是相同的，即 $v=v'$，则称该路径为一个回路或环。若表示路径的顶点序列中的顶点各不相同，则称这样的路径为简单路径。除了第一个和最后一个顶点外，其余各顶点均不重复出现的回路为简单回路。

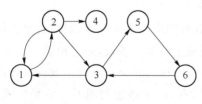

图 7-5 有向图

如图 7-5 中，1 到 3 的路径：1,2,3,5,6,3，路径长度是 5；简单路径：1,2,3,5；回路：1,2,3,5,6,3,1；简单回路：3,5,6,3。

4. 连通图-生成树

在无向图 $G=(V,\{E\})$ 中，若从 v_i 到 v_j 有路径相通，则称顶点 v_i 与 v_j 是连通的。如果对于图中的任意两个顶点 $v_i,v_j \in V$，v_i、v_j 都是连通的，则称该无向图 G 为连通图。例如，图 7-6 中 G_1 就是连通图，无向图中的极大连通子图称为该无向图的连通分量，如图 7-7所示。

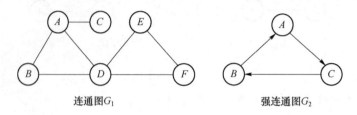

连通图 G_1　　　　　　　　强连通图 G_2

图 7-6　连通图和强连通图

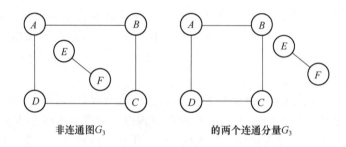

非连通图 G_3　　　　　　　的两个连通分量 G_3

图 7-7　连通分量

在有向图 $G=(V,\{A\})$ 中，若对于每对顶点 $v_i,v_j \in V$ 且 $v_i \neq v_j$，从 v_i 到 v_j 和 v_j 到 v_i 都有路径，则称该有向图为强连通图。例如，图 7-6 中 G_2 就是强连通图，有向图的极大强连通子图称作有向图的强连通分量，如图 7-8 所示。

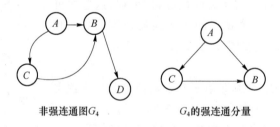

非强连通图 G_4　　　　　　　G_4 的强连通分量

图 7-8　强连通分量

一个连通图的生成树是指一个极小连通子图，它含有图中的全部顶点，但只有足以构成一棵树的 $n-1$ 条边，如图 7-9 所示。如果在一棵生成树上添加一条边，必定构成一个环；因为这条边使得它依附的两个顶点之间有了第二条路经。一棵有 n 个顶点的生成树有且仅有 $n-1$ 条边，如果它多于 $n-1$ 条边，则一定有环。但是，有 $n-1$ 条边的图不一定是生成树。如果一个图有 n 个顶点和小于 $n-1$ 条边，则该图一定是非连通图。

一个图的生成森林有若干棵生成树，含有图中全部顶点，但只有足以构成若干棵不相交的树的边，如图 7-10 所示，即图的各连通分量对应的生成树构成的森林。

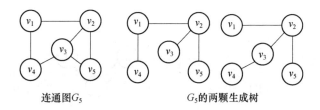

连通图G_5　　　　　　G_5的两颗生成树

图 7-9　连通图的生成树

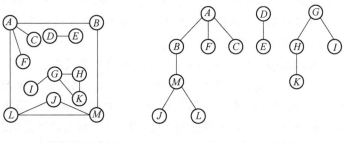

(a) 一个非连通图无向图G_6　　　　(b) G_6的深度优先生成森林

图 7-10　无向图生成森林

7.2　图的存储结构

前几章中学习了数据结构基本上都有两种存储方式,即顺序存储和链式存储。由于图的结构比较复杂,图的存储结构除了要存储图中各个顶点本身的信息外,同时还要存储顶点与顶点之间的所有关系(边的信息),因此,很难以数据元素在存储区中的物理位置来表示元素之间的关系,但也正是由于其任意的特性,故物理表示方法很多。常用的图的存储结构有邻接矩阵、邻接表、十字链表和邻接多重表。由于每种方法各有利弊,我们可以根据实际应用来选择合适的方法。

7.2.1　邻接矩阵表示法

图的邻接矩阵表示法也称作数组表示法。它采用两个数组来表示图:一个是用于存储顶点信息的一维数组,另一个是用于存储图中顶点之间关联关系的二维数组,称为邻接矩阵。

对于一个具有 n 个顶点的图,可以使用 $n \times n$ 的矩阵(二维数组)来表示它们间的邻接关系。如图 7-11 和图 7-12 分别是无向图和有向图的邻接矩阵表示,矩阵 $A(i,j)=1$ 表示图中存在一条边(v_i,v_j),而 $A(i,j)=0$ 表示图中不存在边(v_i,v_j)。

假设 G 是一具有 n 个结点的无权图,G 的邻接矩阵是具有如下性质的 $n \times n$ 矩阵 $\boldsymbol{A}$:

$$A[i,j]=\begin{cases} 1 & \text{若}<v_i,v_j>\text{或}(v_i,v_j)\text{存在} \\ 0 & \text{反之} \end{cases}$$

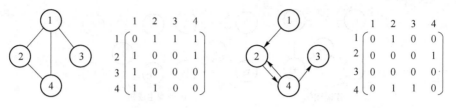

图 7-11 无向图邻接矩阵　　　　　　图 7-12 有向图邻接矩阵

图 7-11 所示是无向图的邻接矩阵表示法,可以观察到,矩阵沿对角线对称,即 $A(i,j)=A(j,i)$。无向图邻接矩阵的第 i 行或第 i 列非零元素的个数其实就是第 i 个顶点的度。这表示无向图邻接矩阵存在一定的数据冗余。

图 7-12 所示是有向图邻接矩阵表示法,矩阵并不沿对角线对称,$A(i,j)=1$ 表示顶点 v_i 邻接到顶点 v_j;$A(j,i)=1$ 则表示顶点 v_i 邻接自顶点 v_j。两者并不像无向图邻接矩阵那样表示相同的意思。有向图邻接矩阵的第 i 行非零元素的个数其实就是第 i 个顶点的出度,而第 i 列非零元素的个数是第 i 个顶点的入度,即第 i 个顶点的度是第 i 行和第 i 列非零元素个数之和。

若图 G 是一个有 n 个结点的网,则它的邻接矩阵是具有如下性质的 $n \times n$ 矩阵

$$A[i,j]=\begin{cases} W_{ij} & 若 <v_i,v_j> 或 (v_i,v_j) 存在 \\ 0 & 若 i=j \\ \infty & 反之 \end{cases}$$

例如,图 7-13 就是一个有向网及其邻接矩阵的示例。其中对角线值为 0,若两点之间有弧存在即在对应的矩阵位置写权值,若没有边存在即是 ∞。

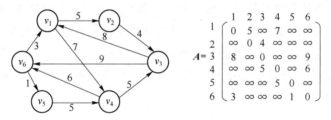

图 7-13 有向图网络的邻接矩阵

邻接矩阵表示法的 C 语言描述结构定义如下:

```c
#define   MAX_VERTEX_NUM   10              /*最多顶点个数*/
#define   INFINITY   32768                 /*表示极大值,即∞*/
typedef   enum{DG,DN,UDG,UDN} GraphKind;
          /*图的种类:DG 表示有向图,DN 表示有向网,UDG 表示无向图,UDN 表示无向网*/
typedef   char   VertexData;               /*假设顶点数据为字符型*/
typedef   struct  ArcNode{
    AdjType   adj;  /*对于无权图,用 1 或 0 表示是否相邻;对带权图,则为权值类型*/
    OtherInfo   info;
} ArcNode;
```

```
typedef   struct{
    VertexData   vexs[MAX_VERTEX_NUM];                    /*顶点向量*/
    ArcNode     arcs[MAX_VERTEX_NUM][MAX_VERTEX_NUM];    /*邻接矩阵*/
    int         vexnum, arcnum;                          /*图的顶点数和弧数*/
    GraphKind   kind;                                    /*图的种类标志*/
} AdjMatrix;                                             /*(Adjacency Matrix Graph)*/
```

下面给出用邻接矩阵法创建有向网的算法。

算法 7.1   采用邻接矩阵表示法创建有向图

```
int LocateVertex(AdjMatrix * G,VertexData v)           /*求顶点位置函数*/
    { int j = Error,k;
    for(k = 0;k < G-> vexnum;k ++)
        if(G-> vexs[k] == v)
          {j = k; break; }
    return(j);
    }


int CreateDN(AdjMatrix * G)                            /*创建一个有向网*/
    { int i,j,k,weight; VertexData v1,v2;
    scanf("%d,%d",&G-> arcnum,&G-> vexnum);            /*输入图的顶点数和弧数*/
    for(i = 0;i < G-> vexnum;i ++)                      /*初始化邻接矩阵*/
     for(j = 0;j < G-> vexnum;j ++)
          G-> arcs[i][j].adj = INFINITY;
    for(i = 0;i < G-> vexnum;i ++)
       scanf("%c",&G-> vexs[i]);                        /*输入图的顶点*/
    for(k = 0;k < G-> arcnum;k ++)
        { scanf("%c,%c,%d",&v1,&v2,&weight);            /*输入一条弧的两个顶点及权值*/
           i = LocateVex_M(G,v1);
           j = LocateVex_M(G,v2);
           G-> arcs[i][j].adj = weight;                 /*建立弧*/
        }
    return(Ok);
    }
```

该算法的时间复杂度为 $O(n^2 + e \times n)$，其中 $O(n^2)$ 时间耗费在对二维数组 arcs 的每个分量的 arj 域初始化赋值上。$O(e \times n)$ 的时间耗费在有向网中边权的赋值上。

邻接矩阵法的特点如下。

(1) 存储空间。对于无向图而言，它的邻接矩阵是对称矩阵(因为若 $(v_i,v_j) \in E(G)$，则 $(v_j,v_i) \in E(G)$)，因此我们可以采用特殊矩阵的压缩存储法，即只存储其下三角即可，这样一个具有 n 个顶点的无向图 G，它的邻接矩阵需要 $n(n-1)/2$ 个存储空间即可。但对于有向图而言，其中的弧是有方向的，即若 $<v_i,v_j> \in E(G)$，不一定有 $<v_j,v_i> \in E(G)$，因此，有向图的邻接矩阵不一定是对称矩阵，对于有向图的邻接矩阵的存储则需要 n^2 个存储空间。

（2）便于运算。采用邻接矩阵表示法,便于判定图中任意两个顶点之间是否有边相连,即根据 $A[i,j]=0$ 或 1 来判断。另外,还便于求得各个顶点的度。对于无向图而言,其邻接矩阵第 i 行元素之和就是图中第 i 个顶点的度。

7.2.2 邻接表

图的邻接矩阵表示法虽然有其自身的优点,但对于点比较多,边很少的稀疏图来讲,用邻接矩阵方法会造成存储空间的极大浪费。如图 7-14 所示,我们要将此图用邻接矩阵法存储,可以看到,只有一条弧存在,没有其他弧,这些空间全部都浪费了。

图 7-14 的稀疏图用邻接表来存储,如图 7-15 所示,可以看到节省了大量的空间,下面我们来研究一下图用邻接表是如何存储的。

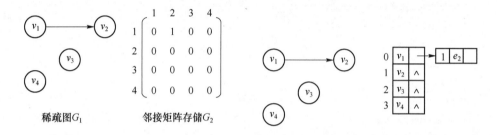

图 7-14　稀疏图邻接矩阵存储　　　　　图 7-15　图邻接表存储

图的邻接表存储方法跟树的孩子链表示法相类似,是一种顺序分配和链式分配相结合的存储结构。邻接表由表头结点和表结点两部分组成,如图 7-16 所示,其中图中每个顶点均对应一个存储在数组中的表头结点。如这个表头结点所对应的顶点存在相邻顶点,则把相邻顶点依次存放于表头结点所指向的单向链表中。表结点存放的是邻接顶点在数组中的索引。图 7-17 所示对于无向图邻接表存储,表结点有几个,该表头结点的度就是几个。例如图 7-17 中,结点 A 的度为后面链接的结点个数,是 3。使用邻接表进行存储也会出现数据冗余,表头结点 A 所指链表中存在一个指向 C 的表结点的同时,表头结点 C 所指链表也会存在一个指向 A 的表结点。

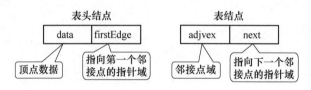

图 7-16　邻接表结构

有向图的邻接表有邻接表和逆邻接表之分。邻接表的表结点存放的是从表头结点出发的有向边所指的尾顶点;逆邻接表的表结点存放的则是指向表头结点的某个头顶点。如图 7-18 所示,图 7-18(b)和图 7-18(c)分别为有向图 7-18(a)的邻接表和逆邻接表。可以很清楚地看到,在邻接表中找某一个结点的出度非常容易,如图 7-18(b)中结点 A 的出度即为

2,结点 B 的出度是 1;逆邻接表中求某个结点的入度非常容易,如图 7-18(c)中结点 A 的入度是 1,结点 C 的入度是 2。

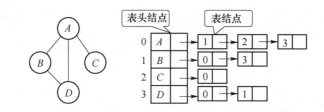

图 7-17   无向图及其邻接表

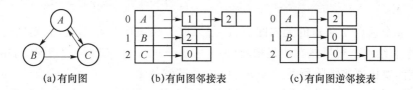

(a)有向图   (b)有向图邻接表   (c)有向图逆邻接表

图 7-18   有向图邻接表和逆邻接表

以上所讨论的邻接表所表示的都是不带权的图,如果要表示带权图,可以在表结点中增加一个存放权的字段,其效果如图 7-19 所示。

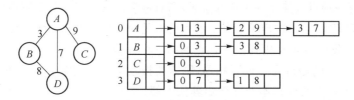

图 7-19   带权图邻接表

注意:观察图 7-19 可以发现,删除存储表头结点的数组中的某一元素,有可能使部分表头结点索引号改变,从而导致大面积修改表结点的情况发生。可以在表结点中直接存放指向表头结点的指针以解决这个问题。在实际创建邻接表时,甚至可以使用链表代替数组存放表头结点或使用顺序表代替链表存放表结点。对所学的数据结构知识应当根据实际情况及所使用语言的特点灵活应用,切不可生搬硬套。

邻接表存储结构的形式化说明如下。

算法 7.2   邻接表存储

```
#define  MAX_VERTEX_NUM   10          /*最多顶点个数*/
typedef  enum{DG,DN,UDG,UDN}  GraphKind;  /*图的种类*/
typedef  struct  ArcNode{
    int              adjvex;          /*该弧指向顶点的位置*/
    struct  ArcNode  *nextarc;        /*指向下一条弧的指针*/
    OtherInfo        info;            /*与该弧相关的信息*/
} ArcNode;
```

```
typedef   struct   VertexNode{
   VertexData          data;              /* 顶点数据 */
   ArcNode           * firstarc;          /* 指向该顶点第一条弧的指针 */
} VertexNode;


typedef   struct{
   VertexNode          vertex[MAX_VERTEX_NUM];
   int                 vexnum,arcnum;     /* 图的顶点数和弧数 */
   GraphKind           kind;              /* 图的种类标志 */
}AdjList;                                 /* 基于邻接表的图（Adjacency List Graph） */
```

对于有 n 个顶点、e 条边的无向图而言，若采取邻接表作为存储结构，则需要 n 个表头结点和 $2e$ 个表结点。很显然在边很稀疏（即 e 远小于 $n(n-1)/2$ 时）的情况下，用邻接表存储所需的空间要比邻接矩阵所需的 $n(n-1)/2$ 要节省得多。

此外，在无向图的邻接表中，顶点 v_i 的度恰好就是第 i 个单链表上结点的个数。而在有向图中，第 i 个单链表上结点的个数只是顶点 v_i 的出度，要想求得该顶点的入度，则必须遍历整个邻接表。在所有单链表中查找邻接点域的值为 i 的结点并计数求和。由此可见，对于用邻接表方式存储的有向图，求顶点的入度并不方便，它需要扫描整个邻接表才能得到结果。对此，我们可以对每一顶点 v_i 建立一个递邻接表，即对每个顶点 v_i 建立一个链接以顶点 v_i 为弧头的弧的表，如图 7-18 所示。这样求顶点 v_i 的入度即是逆邻接表中第 i 行结点个数。

在邻接表上，我们很容易找到任一顶点的第一个邻接点和下一个邻接点，但要判定任意两个顶点（v_i 和 v_j）之间是否有边或弧相连，则需要搜索第 i 个或第 j 个链表，这比起邻接矩阵法（通过判断 $A[i,j]$ 实现），不及邻接矩阵法方便。

7.2.3　十字链表

对于有向图来说，邻接表是有缺陷的。用邻接表存储，了解出度特别容易，知道入度就特别难；用逆邻接表存储，解决了入度问题，出度又特别难得到。有没有两全的办法呢？有，就是十字链表（orthogonal list），是有向图的另一种链式存储结构，将有向图的邻接表和逆邻接表结合在一起，就得到了有向图的另一种链式存储结构——十字链表。

有向图中的每一条弧对应十字链表中的一个弧结点，同时有向图中的每个顶点在十字链表中对应有一个结点，叫作顶点结点。这两类结点结构如图 7-20 所示。

图 7-20　十字链表头结点和表结点

如图 7-21 所示为图的十字链表表示。若有向图是稀疏图,则它的邻接矩阵一定是稀疏矩阵,这时该图的十字链表表示法可以看成是其邻接矩阵的链表表示法。只是在图的十字链表表示法中,弧结点所在的链表不是循环链表且结点之间相对位置自然形成,不一定按顶点序号有序。另外,表头结点即顶点结点,它们之间并非循环链式连接,而是顺序存储。

十字链表的好处就是把邻接表和逆邻接表整合在一起,这样既容易找到以 v_i 为尾的弧,也容易找到以 v_i 为头的弧,因而容易求得顶点的出度和入度,而且它除了结构复杂一点外,其实创建图算法的时间复杂度是和邻接表相同的,因此在有向图应用中,十字链表是非常好的数据结构类型。

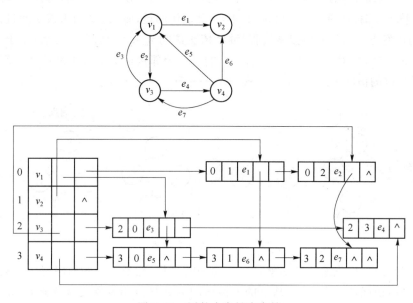

图 7-21 图的十字链表存储

7.3 图 的 遍 历

图作为一种复杂的数据结构也存在遍历问题。图的遍历就是希望从图中的某个顶点出发,按某种方法对图中的所有顶点访问且仅访问一次。图的遍历算法是求解图的连通性问题、拓扑排序和关键路径等算法的基础。

图的遍历要比树的遍历复杂得多,由于图的任一顶点都可能和其余顶点相邻接,故在访问了某顶点之后,可能顺着某条边又访问到了已访问过的顶点,因此,在图的遍历过程中,必须记下每个访问过的顶点,以免同一个顶点被访问多次。为此给顶点附设访问标志 visited,其初值为 false,一旦某个顶点被访问,则其 visited 标志置为 true。

图的遍历方法有两种:一种是深度优先搜索遍历(Depth-First Search,DFS);另一种是广度优先搜索遍历(Breadth_First Search,BFS)。

7.3.1 深度优先遍历

所谓的深度优先遍历是指按照深度方向搜索,它类似于树的先根遍历,是树的先根遍历的推广。

深度优先搜索的基本思想是：

（1）从图中某个顶点 v_0 出发，首先访问 v_0。

（2）找出刚访问过的顶点的第一个未被访问的邻接点，然后访问该顶点。重复此步骤，直到刚访问过的顶点没有未被访问的邻接点。

（3）返回前一个访问过的顶点，找出该顶点的下一个未被访问的邻接点，访问该顶点。转到第（2）步骤。

现以图 7-22 为例说明深度优先搜索过程。假定 v_1 是出发点，首先访问 v_1。因 v_1 有两个邻接点 v_2、v_3 均未被访问过，可以选择 v_2 作为新的出发点，访问 v_2 之后，再找 v_2 的末访问过的邻接点。同 v_2 邻接的有 v_1、v_4 和 v_5，其中 v_1 已被访问过，而 v_4、v_5 尚未被访问过，可以选择 v_4 作为新的出发点。重复上述搜索过程，继续依次访问 v_8、v_5。访问 v_5 之后，由于与 v_5 相邻的顶点均已被访问过，搜索退回到 v_1，访问 v_1 的另一个邻接点 v_3。接下来依次访问 v_6 和 v_7，最后得到的顶点的访问序列为：$v_1 \rightarrow v_2 \rightarrow v_4 \rightarrow v_8 \rightarrow v_5 \rightarrow v_3 \rightarrow v_6 \rightarrow v_7$。

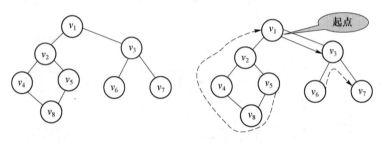

图 7-22　深度优先搜索

可以看到，深度优先遍历其实就是一个递归的过程，相当于树的前序遍历。它从图中某个顶点 v 出发，访问此顶点，然后从 v 的未被访问的邻接点出发深度优先遍历图，直到图中所有和 v 有路径相通的顶点都被访问到。

图的深度优先搜索的结构定义如下。

算法 7.3　采用邻接表的 DepthFirstSearch

```
#define True  1
#define False  0
#define Error - 1                                    /*出错*/
#define Ok 1
int visited[MAX_VERTEX_NUM];                         /*访问标志数组*/

voidTraverseGraph (Graph g)
/*对图 g 进行深度优先搜索,Graph 表示图的一种存储结构,如数组表示法或邻接表等*/
{
for (vi = 0;vi < g.vexnum;vi ++ )visited[vi] = False ;  /*访问标志数组初始*/
for(vi = 0;vi < g.vexnum;vi ++ )                       /*调用深度遍历连通子图的操作*/
/*若图 g 是连通图,则此循环调用函数只执行一次*/
    if (! visited[vi])  DepthFirstSearch(g,vi);
}/* TraverseGraph */
```

```
void  DepthFirstSearch(AdjList g,  int v0)  /* 图 g 为邻接表类型 AdjList */
{visit(v0);visited[v0] = True;
  p = g.vertex[v0].firstarc;
  while(p! = NULL )
  {if (! visited[p -> adjvex])
     DepthFirstSearch(g,p -> adjvex);
     p = p -> nextarc;
  }
}/* DepthFirstSearch */
```

以邻接表作为存储结构,查找每个顶点的邻接点的时间复杂度为 $O(e)$,其中 e 是无向图中的边数或有向图中弧数,则深度优先搜索图的时间复杂度为 $O(n+e)$。

用非递归过程实现深度优先搜索算法如下。

算法 7.4 非递归形式的 DepthFirstSearch

```
void  DepthFirstSearch(Graph g,  int v0)  /* 从 v0 出发深度优先搜索图 g */
{
InitStack(S);                         /* 初始化空栈 */
Push(S,v0);
while (! Empty(S))
  { v = Pop(S);
if (! visited(v))                     /* 栈中可能有重复结点 */
{visit(v);  visited[v] = True; }
w = FirstAdj(g,v);                    /* 求 v 的第一个邻接点 */
    while (w! = -1 )
            {  if (! visited(w))  Push(S,w);
               w = NextAdj(g,v,w);       /* 求 v 相对于 w 的下一个邻接点 */
            }
  }
}
```

7.3.2 广度优先遍历

所谓广度优先搜索是指按照广度方向搜索,它类似于树的按层次遍历,是树的按层次遍历的推广。

广度优先搜索的基本思想是:

(1) 从图中某个顶点 v_0 出发,首先访问 v_0。

(2) 依次访问 v_0 的各个未被访问的邻接点。

(3) 分别从这些邻接点(端结点)出发,依次访问它们的各个未被访问的邻接点(新的端结点)。访问时应保证:如果 v_i 和 v_k 为当前端结点,且 v_i 在 v_k 之前被访问,则 v_i 的所有未被访问的邻接点应在 v_k 的所有未被访问的邻接点之前访问。重复(3),直到所有端结点均没有未被访问的邻接点为止。

若此时还有顶点未被访问,则选一个未被访问的顶点作为起始点,重复上述过程,直至所有顶点均被访问过为止。

对于图 7-23(a)所示的无向连通图，若顶点 v_1 为初始访问的顶点，则广度优先搜索遍历顶点访问顺序是：$v_1 \rightarrow v_2 \rightarrow v_3 \rightarrow v_4 \rightarrow v_5 \rightarrow v_6 \rightarrow v_7 \rightarrow v_8$。遍历过程如图 7-23(b)所示，虚线为遍历过程。

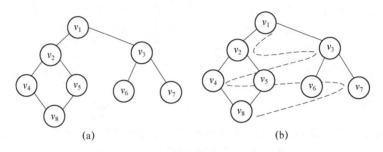

图 7-23　广度优先搜索

在遍历过程中需要设立一个访问标志数组 visited[n]，其初值为"False"，一旦某个顶点被访问，则置相应的分量为"True"。同时，需要辅助队列 Q，以便实现要求：如果 v_i 和 v_k 为当前端结点，且 v_i 在 v_k 之前被访问，则 v_i 的所有未被访问的邻接点应在 v_k 的所有未被访问的邻接点之前访问。

将图用邻接表的方法存储，如图 7-24 所示，广度优先搜索的算法如下。

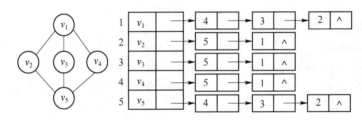

遍历序列：$v_1 \Rightarrow v_4 \Rightarrow v_3 \Rightarrow v_2 \Rightarrow v_5$

图 7-24　通过邻接表广度遍历无向图

算法 7.5　广度优先搜索

```
void  BreadthFirstSearch(Graph g， int v0)   /＊广度优先搜索图 g 中 v0 所在的连通子图＊/
{
    visit(v0); visited[v0] = True;
    InitQueue(&Q);                          /＊初始化空队＊/
    EnterQueue(&Q,v0);                      /＊v0 进队＊/
    while (! Empty(Q))
        { DeleteQueue(&Q,&v);               /＊队头元素出队＊/
            w = FirstAdj(g,v);              /＊求 v 的第一个邻接点＊/
            while (w! =-1 )
                {        if (! visited(w))
                    { visit(w); visited[w] = True;
                                    EnterQueue(&Q,w);
                                }
```

```
                    w = NextAdj(g,v,w);/*求 v 相对于 w 的下一个邻接点*/
            }
        }
    }
```

分析上述算法,图中每个顶点至多入队一次,因此外循环次数为 n。若图 g 采用邻接表方式存储,则当结点 v 出队后,内循环次数等于结点 v 的度。对访问所有顶点的邻接点的总的时间复杂度为 $O(d_0+d_1+d_2+\cdots+d_{n-1})=O(e)$,因此图采用邻接表方式存储,广度优先搜索算法的时间复杂度为 $O(n+e)$;当图 g 采用邻接矩阵方式存储,由于找每个顶点的邻接点时,内循环次数等于 for 循环($1-n$)次数,因此邻接矩阵存储图时,广度优先搜索算法的时间复杂度为 $O(n^2)$。

7.4　最小生成树

一个有 n 个结点的连通图的生成树是原图的极小连通子图,且包含原图中的所有 n 个结点,并且有保持图联通的最少的边。在一个连通网的所有生成树中,各边的代价之和最小的那棵生成树称为该连通网的最小代价生成树(minimum cost spanning tree),简称为最小生成树。

许多应用问题都是一个求无向连通图的最小生成树问题。例如,要在 n 个城市之间铺设光缆,主要目标是要使这 n 个城市的任意两个之间都可以通信,但铺设光缆的费用很高,且各个城市之间铺设光缆的费用不同;另一个目标是要使铺设光缆的总费用最低。这就需要找到带权的最小生成树。

找连通网的最小生成树,经典算法有两种,普利姆(Prim)算法和克鲁斯卡尔(Kruskal)算法。

7.4.1　普利姆算法

算法思想:设连通网 $N=(V,\{E\})$ 中,$T=(U,TE)$ 是存放 MST 的集合,其中 TE 是 N 的最小生成树的边的集合,U 是 N 的最小生成树顶点的集合,$V-U$ 是图 N 中除去 U 中顶点的顶点集合。具体步骤如下:

① 算法开始时,TE 为空,U 中存在一个初始顶点。

② 考查图中满足以下条件的边:边的一端在 U 集合中的顶点中,另一端在 $V-U$ 集合的顶点中,在这些边中寻找权值最小的一条,假设为 (v_i,v_j),其中,$v_i \in U$,$v_j \in V-U$,那么将顶点 v_j 加入集合 U 中,将边 (v_i,v_j) 加入集合 TE 中。

③ 重复执行步骤②共 $n-1$ 次,T 即为所求。

普里姆算法可描述如下。

算法 7.6　普里姆算法

```
struct {
    VertexData    adjvex;
    int           lowcost;
} closedge[MAX_VERTEX_NUM];          /*求最小生成树时的辅助数组*/
```

```
MiniSpanTree Prim(AdjMatrix  gn,  VertexData  u)
/* 从顶点 u 出发,按普里姆算法构造连通网 gn 的最小生成树,并输出生成树的每条边 */
   {
      k = LocateVertex(gn,u);
      closedge[k].lowcost = 0;                 /* 初始化,U = {u} */
      for (i = 0;i < gn.vexnum;i ++)
        if (i! = k)                            /* 对 V-U 中的顶点 i,初始化 closedge[i] */
          {closedge[i].adjvex = u; closedge[i].lowcost = gn.arcs[k][i].adj;}
          for (e = 1;e <= gn.vexnum - 1;e ++)  /* 找 n-1 条边(n = gn.vexnum) */
            {
              k0 = Minium(closedge);           /* closedge[k0]中存有当前最小边(u0,v0)的信息 */
              u0 = closedge[k0].adjvex;        /* u0∈U */
              v0 = gn.vexs[k0]                 /* v0∈V-U */
               printf(u0,v0);                  /* 输出生成树的当前最小边(u0,v0) */
              closedge[k0].lowcost = 0;        /* 将顶点 v0 纳入 U 集合 */
              for (i = 0 ;i < vexnum;i ++)     /* 在顶点 v0 并入 U 之后,更新 closedge[i] */
              if (gn.arcs[k0][i].adj < closedge[i].lowcost)
                { closedge[i].lowcost = gn.arcs[k0][i].adj;
                   closedge[i].adjvex = v0;
                }
            }
      }
   }
```

　　普利姆算法：由于算法中有两个 for 循环嵌套,时间复杂度为 $O(n_2)$;与边的个数无关;适合于求边稠密的网的最小生成树。

　　利用该算法,对图 7-25(a)所示的连通网从顶点 v_1 开始构造最小生成树,算法中各参量的变化如图 7-25(b)~(f)所示。

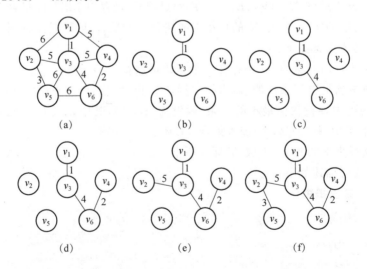

图 7-25　普里姆算法构造最小生成树的过程

7.4.2 克鲁斯卡尔算法

算法思想:设无向连通带权图 $G=(V,E)$,其中 V 为结点的集合,E 为边的集合。设带权图 G 的最小生成树 T 由结点集合和边的集合构成,其初值为 $T=(V,\{\})$,即初始时最小生成树 T 只由带权图 G 中结点集合组成,各结点之间没有一条边。然后,按照边的权值递增的顺序考察带权图 G 中边集合 E 的各条边,若被考察的边的两个结点属于 T 的两个不同的连通分量,则将此边加入到最小生成树 T 中,同时,把两个连通分量连接为一个连通分量;若被考察的边的两个结点属于 T 的同一个连通分量,则将此边舍去。如此下去,当 T 中的连通分量个数为 1 时,T 中的该连通分量即为带权图 G 的一棵最小生成树。具体步骤如下。

假设 $N=(V,\{E\})$ 是连通网,将 N 中的边按权值从小到大的顺序排列;

① 将 n 个顶点看成 n 个集合;

② 按权值从小到大的顺序选择边,所选边应满足两个顶点不在同一个顶点集合内,将该边放到生成树边的集合中。同时将该边的两个顶点所在的顶点集合合并;

③ 重复②直到所有的顶点都在同一个顶点集合内。

可以看出,克鲁斯卡尔算法逐步增加生成树的边,与普利姆算法相比,可称为"加边法"。

下面我们以图 7-26(a)中的连通网为例,克鲁斯卡尔算法的执行过程如图 7-26(b)~(f)所示。

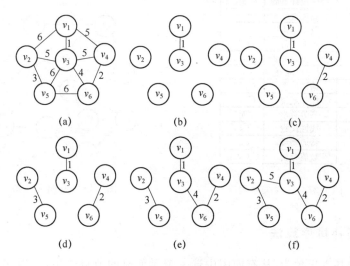

图 7-26 克鲁斯卡尔算法执行示意图

克鲁斯卡尔算法:算法时间复杂度为 $O(e\log_2 e)$,e 为网的边的数目;适合于求边稀疏的网的最小生成树。

7.5 拓扑排序

有向无环图是指一个无环的有向图,简称 DAG。有向无环图可用来描述工程或系统的进行过程,如一个工程的施工图、学生课程间的制约关系图等。这一节我们要介绍是有向无环图的一个应用。

7.5.1 拓扑排序

在一个表示工程的有向图中，用顶点表示活动，用弧表示活动之间的优先关系，这样的有向图，称为顶点表示活动的网（Activity On Vertex Network），简称为 AOV 网。

设 $G=(V, E)$ 是一个具有 N 顶点的有向图，V 中的顶点序列 $v_1, v_2, v_3, \cdots, v_n$，满足若从顶点 v_i 到 v_j 有一条路径，则在顶点序列中顶点 v_i 必须在顶点 v_j 之前，则我们称这样的顶点序列为一个拓扑序列。

例如，计算机系学生的一些必修课程及其先修课程的关系如图 7-27 所示，用顶点表示课程，弧表示先决条件，则图 7-27 所描述的关系可用一个有向无环图表示，如图 7-28 所示。

如图 7-28 的 AOV 网的拓扑序列不止一条。序列 $C_1, C_9, C_2, C_4, C_{10}, C_{11}, C_3, C_{12}, C_6, C_5, C_7, C_8$ 是一条拓扑序列，序列 $C_9, C_1, C_{10}, C_{11}, C_{12}, C_2, C_4, C_3, C_6, C_5, C_7, C_8$ 也是一条拓扑序列。

所谓拓扑排序，就是对一个有向图构造拓扑序列的过程。构造时会有两个结果，如果此网的全部顶点都被输出，则说明它是不存在回路的 AOV 网；如果输出顶点少了，说明这个网存在回路，不是 AOV 网。

编号	课程名称	预修课
C_1	程序设计基础	无
C_2	离散数学	C_1
C_3	数据结构	C_1, C_2
C_4	汇编语言	C_1
C_5	语言设计分析	C_3, C_4
C_6	计算机原理	C_{11}
C_7	编译原理	C_5, C_3
C_8	操作系统	C_3, C_6
C_9	高等数学	无
C_{10}	线性代数	C_9
C_{11}	普通物理	C_9
C_{12}	数值分析	$C_1 C_9 C_{10}$

图 7-27 课程关系表

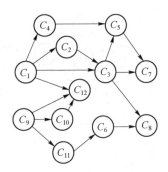

图 7-28 有向无环图

7.5.2 拓扑排序算法

拓扑排序的基本思想为：从有向图中选一个无前驱的节点输出，然后删去此顶点，并删除以此结点为尾的弧，继续重复此步骤，直到输出全部顶点或者 AOV 网中不存在入度为 0 的顶点为止。若此时输出的结点数小于有向图中的顶点数，则说明有向图中存在回路，否则输出的顶点的顺序即为一个拓扑序列。

若要算法实现拓扑排序，因为要删除顶点，所以用邻接表存储比较方便。入度为零的顶点即没有前趋的顶点，因此我们可以附设一个存放各顶点入度的数组 indegree[ ]，于是有：

① 找 G 中无前驱的顶点——查找 indegree[i] 为零的顶点 i；

② 删除以 i 为起点的所有弧——对链在顶点 i 后面的所有邻接顶点 k，将对应的 indegree[k] 减 1。

为了避免重复检测入度为零的顶点，可以再设置一个辅助栈，若某一顶点的入度减为

0,则将它入栈。每当输出某一顶点时,便将它从栈中删除。

算法的实现如下。

算法 7.7 求拓扑排序算法

```
int TopoSort (AdjList G)
  { Stack S;
      int indegree[MAX_VERTEX_NUM];
      int i,count,k;
    ArcNode * p;
    FindID(G,indegree);                    /* 求各顶点入度 */
    InitStack(&S);                         /* 初始化辅助栈 */
    for(i = 0;i < G.vexnum;i + + )
        if(indegree[i] = = 0) Push(&S,i);  /* 将入度为 0 的顶点入栈 */
    count = 0;
    while(! StackEmpty(S))
      {
          Pop(&S,&i);
          printf(" % c",G.vertex[i].data);
          count + + ;                       /* 输出 i 号顶点并计数 */
        p = G.vertexes[i].firstarc;
          while(p! = NULL)
            { k = p -> adjvex;
            indegree[k] - - ;               /* i 号顶点的每个邻接点的入度减 1 */
              if(indegree[k] = = 0)  Push(&S,k); /* 若入度减为 0,则入栈 */
                p = p -> nextarc;
              }
          } /* while */
  if (count < G.vexnum)  return(Error);     /* 该有向图含有回路 */
  else  return(Ok);
  }


void FindID(AdjList G,  int indegree[MAX_VERTEX_NUM])
/* 求各顶点的入度 */
{ int i;   ArcNode * p;
for(i = 0;i < G.vexnum;i + + )
  indegree[i] = 0;
for(i = 0;i < G.vexnum;i + + )
  {p = G.vertexes[i].firstarc;
    while(p! = NULL)
        {indegree[p -> adjvex] + + ;
    p = p -> nextarc;
    }
  } /* for */
}
```

若有向无环图有 n 个顶点和 e 条弧，则在拓扑排序的算法中，FOR 循环需要执行 n 次，时间复杂度为 $O(n)$；对于 WHILE 循环，由于每一顶点必定进一次栈，出一次栈，其时间复杂度为 $O(e)$；故该算法的时间复杂度为 $O(n+e)$。

7.6 关 键 路 径

拓扑排序主要是为解决一个工程能否顺利进行的问题，但有时我们还要解决工程完成需要的最短时间问题。比如我们要盖房子，要先打地基，上大梁，房间内的配套设计安装等，每一步骤先后关系也不同，那么这个工程的计划实施如图 7-29 所示，这是一个专业的工程进度图，我们需要知道这个工程完成最短需要多长时间，这是一个很实际、应用性也很强的问题。

是不是时间全部加起来是最短的呢？一定不是，因为有好多工程部分同时进行。那么如何求解的呢？我们必须要分析它们的拓扑关系，并且找到当中最关键的流程，这个流程的时间就是最短时间。

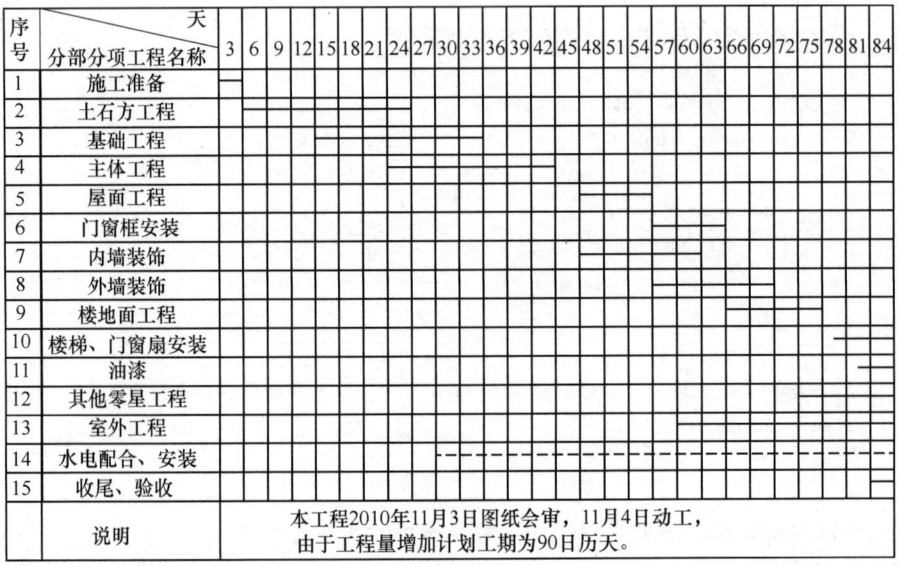

序号	分部分项工程名称	天：3 6 9 12 15 18 21 24 27 30 33 36 39 42 45 48 51 54 57 60 63 66 69 72 75 78 81 84
1	施工准备	
2	土石方工程	
3	基础工程	
4	主体工程	
5	屋面工程	
6	门窗框安装	
7	内墙装饰	
8	外墙装饰	
9	楼地面工程	
10	楼梯、门窗扇安装	
11	油漆	
12	其他零星工程	
13	室外工程	
14	水电配合、安装	
15	收尾、验收	
	说明	本工程2010年11月3日图纸会审，11月4日动工，由于工程量增加计划工期为90日历天。

图 7-29 工程进度图

7.6.1 关键路径的概念和原理

要求解关键路径，我们要接触一个新的概念 AOE 网。在一个表示工程的带权有向图中，用顶点表示事件，用有向边表示活动，边上的权值表示活动的持续时间，称这样的有向图叫作边表示活动的网，简称 AOE 网。AOE 网中没有入边的顶点称为始点（或源点），没有出边的顶点称为终点（或汇点）。

AOE 网的性质如下：

（1）只有在某顶点所代表的事件发生后，从该顶点出发的各活动才能开始；

（2）只有在进入某顶点的各活动都结束，该顶点所代表的事件才能发生。

在 AOE 网中存在唯一的、入度为零的顶点,叫作源点;存在唯一的、出度为零的顶点,叫作汇点。从源点到汇点的最长路径的长度即为完成整个工程任务所需的时间,该路径叫作关键路径。关键路径上的活动叫作关键活动。这些活动中的任意一项活动未能按期完成,则整个工程的完成时间就要推迟。相反,如果能够加快关键活动的进度,则整个工程可以提前完成。

例如,在图 7-30 所示的 AOE 网中,共有 9 个事件,分别对应顶点 v_1 到 v_9。其中 v_1 为源点,表示整个工程可以开始。事件 v_5 表示 a_4、a_5 已经完成,a_7、a_8 可以开始。v_9 为汇点,表示整个工程结束。v_1 到 v_9 的最长路径(关键路径)有两条:$(v_1, v_2, v_5, v_8, v_9)$ 或 $(v_1, v_2, v_5, v_7, v_9)$,长度均为 18。关键活动为 (a_1, a_4, a_7, a_{10}) 或 (a_1, a_2, a_8, a_{11})。关键活动 a_1 计划 6 天完成,如果 a_1 提前 2 天完成,则整个工程也可以提前 2 天完成。

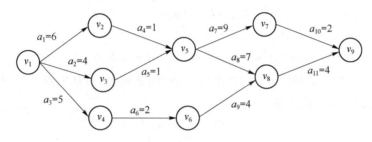

图 7-30 AOE 网

关键路径我们要如何求得呢? 我们需要找到所有活动的最早开始时间和最晚开始时间,并且比较它们,如果相等就意味着此活动是关键活动,活动间的路径为关键路径;如果不相等,就不是关键路径。

为此,我们需要定义以下几个参数:

(1) 事件 v_i 的最早发生时间 $ve(i)$:从源点到顶点 v_i 的最长路径的长度,叫作事件 v_i 的最早发生时间。

(2) 事件 v_i 的最晚发生时间 $vl(i)$:在保证汇点按其最早发生时间发生这一前提下,事件 v_i 的最晚发生时间。

(3) 活动 a_i 的最早开始时间 $e(i)$:即弧 a_i 最早开始时间。

(4) 活动 a_i 的最晚开始时间 $l(i)$:即弧 a_i 最晚开始时间,即在保证事件 v_k 的最晚发生时间为 $vl(k)$ 的前提下,活动 a_i 的最晚开始时间为 $l(i)$。

7.6.2 关键路径算法

求关键路径的基本步骤如下:

(1) 对图中顶点进行拓扑排序,在排序过程中按拓扑序列求出每个事件最早发生时间 $ve(i)$;

(2) 按逆拓扑序列求每个事件的最晚发生时间 $vl(i)$;

(3) 求出每个活动 a_i 的最早开始时间 $e(i)$ 和最晚发生时间 $l(i)$;

(4) 找出 $e(i) = l(i)$ 的活动 a_i,即为关键活动。

下面以图 7-30 为例。

(1) 求 $v(i)$ 最早开始时间 $ve(i)$:可从源点开始,按拓扑顺序向汇点递推,公式是:

ve(1)＝0；当 $i＝1$ 时

$$ve(i)＝\max\{ve(k)+dut(<k,i>)\}<k,i>\in T,1\leqslant i\leqslant n-1$$

其中，T 为所有以 i 为头的弧 $<k,i>$ 的集合，$dut(<k,i>)$ 表示与弧 $<k,i>$ 对应的活动的持续时间。图中各个事件的最早开始时间求解过程如下：

$ve(1)＝0$

$ve(2)＝\max\{ve(1)+dut(<1,2>)\}＝6$

$ve(3)＝\max\{ve(1)+dut(<1,3>)\}＝4$

$ve(4)＝\max\{ve(1)+dut(<1,4>)\}＝5$

$ve(5)＝\max\{ve(2)+dut(<2,5>),ve(3)+dut(<3,5>)\}＝7$

$ve(6)＝\max\{ve(4)+dut(<4,6>)\}＝7$

$ve(7)＝\max\{ve(5)+dut(<5,7>)\}＝16$

$ve(8)＝\max\{ve(5)+dut(<5,8>)\}＝14$

$ve(9)＝\max\{ve(7)+dut(<7,9>),ve(8)+dut(<8,9>)\}＝18$

（2）求 $v(i)$ 最晚开始时间 $vl(i)$：在求出 $ve(i)$ 的基础上，可从汇点开始，按逆拓扑顺序向源点递推，求出 $vl(i)$，公式如下：

$$vl(n)＝ve(n)$$

$$vl(i)＝\min\{vl(k)-dut(<i,k>)\}<i,k>\in S,0\leqslant i\leqslant n$$

其中，S 为所有以 i 为尾的弧 $<i,k>$ 的集合，$dut(<i,k>)$ 表示与弧 $<i,k>$ 对应的活动的持续时间。图中各事件的最晚开始时间求解过程如下：

$vl(9)＝ve(9)＝18$

$vl(8)＝\min\{vl(9)-dut(<8,9>)\}＝14$

$vl(7)＝\min\{vl(9)-dut(<7,9>)\}＝16$

$vl(6)＝\min\{vl(8)-dut(<6,8>)\}＝10$

$vl(5)＝\min\{vl(7)-dut(<5,7>),vl(8)-dut(<5,8>)\}＝7$

$vl(4)＝\min\{vl(6)-dut(<4,6>)\}＝8$

$vl(3)＝\min\{vl(5)-dut(<3,5>)\}＝6$

$vl(2)＝\min\{vl(5)-dut(<2,5>)\}＝6$

$vl(1)＝\min\{vl(2)-dut(<1,2>),vl(3)-dut(<1,3>),vl(4)-dut(<1,4>)\}＝0$

（3）活动 a_i 的最早开始时间 $e(i)$：即如果活动 a_i 对应的弧为 $<j,k>$，则 $e(i)$ 等于从源点到顶点 j 的最长路径的长度，即 $e(i)＝ve(j)$。

$e(a_1)＝ve(1)＝0$

$e(a_2)＝ve(1)＝0$

$e(a_3)＝ve(1)＝0$

$e(a_4)＝ve(2)＝6$

$e(a_5)＝ve(3)＝4$

$e(a_6)＝ve(4)＝5$

$e(a_7)＝ve(5)＝7$

$$e(a_8) = ve(5) = 7$$
$$e(a_9) = ve(6) = 7$$
$$e(a_{10}) = ve(7) = 16$$
$$e(a_{11}) = ve(8) = 14$$

（4）活动 a_i 的最晚开始时间 $l(i)$：如果活动 a_i 对应的弧为 $<j,k>$，其持续时间为 $dut(<j,k>)$，则有 $l(i) = vl(k) - dut(<j,k>)$，即在保证事件 v_k 的最晚发生时间为 $vl(k)$ 的前提下，活动 a_i 的最晚开始时间为 $l(i)$。

$$l(a_{11}) = vl(9) - dut(<8,9>) = 14$$
$$l(a_{10}) = vl(9) - dut(<7,9>) = 16$$
$$l(a_9) = vl(8) - dut(<6,8>) = 10$$
$$l(a_8) = vl(8) - dut(<5,8>) = 7$$
$$l(a_7) = vl(7) - dut(<5,7>) = 7$$
$$l(a_6) = vl(6) - dut(<4,6>) = 8$$
$$l(a_5) = vl(5) - dut(<3,5>) = 6$$
$$l(a_4) = vl(5) - dut(<2,5>) = 6$$
$$l(a_3) = vl(4) - dut(<1,4>) = 3$$
$$l(a_2) = vl(3) - dut(<1,3>) = 2$$
$$l(a_1) = vl(2) - dut(<1,2>) = 0$$

由求解过程可以得到如图 7-31 所示的事件图和活动图，由图中信息可以得到，关键路径即 $ve(i) = vl(i)$ 组成的路径，关键活动即 $e(i) = l(i)$ 的活动。

事件 i	1	2	3	4	5	6	7	8	9
$ve(i)$	0	6	4	5	7	7	16	14	18
$vl(i)$	0	6	6	8	7	10	16	14	18

活动 i	1	2	3	4	5	6	7	8	9	10	11
$e(i)$	0	0	0	6	4	5	7	7	7	16	14
$l(i)$	0	2	3	6	6	8	7	7	10	16	14

图 7-31 事件图和活动图

由此可以看出，图具有两条关键路径，一条是由 v_1,v_2,v_5,v_7,v_9 组成的关键路径，另一条是由 v_1,v_2,v_5,v_8,v_9 组成的关键路径，如图 7-32 所示。

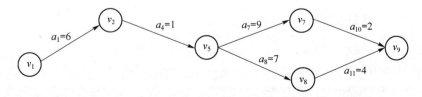

图 7-32 关键路径

关键路径算法如下：可以看到，求事件的最早发生时间的过程，就是从头至尾找拓扑排序的过程，因此在求关键路径之前，需要先调用一次拓扑排序算法的代码，下面首先修改上一节的拓扑排序算法，以便同时求出每个事件的最早发生时间 $ve(i)$。

算法 7.8　修改后的拓扑排序算法

```
int   ve[MAX_VERTEX_NUM];                        /* 每个顶点的最早发生时间 */
int TopoOrder(AdjList G,Stack * T)
/* G 为有向网,T 为返回拓扑序列的栈,S 为存放入度为 0 的顶点的栈 */
{   int count,i,j,k;  ArcNode  * p;
      int indegree[MAX_VERTEX_NUM];              /* 各顶点入度数组 */
      Stack  S;
      InitStack(T);  InitStack(&S);             /* 初始化栈 T,  S */
      FindID(G,  indegree);                      /* 求各个顶点的入度 */
      for(i = 0;i < G. vexnum;i + + )
          if(indegree[i] == 0)   Push(&S,i);
      count = 0;
      for(i = 0;i < G. vexnum;i + + )
          ve[i] = 0;                             /* 初始化最早发生时间 */
      while(! StackEmpty(S))
      {Pop(&S,&j);
            Push(T,j);
            count + + ;
            p = G. vertex[j]. firstarc;
            while(p! = NULL)
          {     k = p -> adjvex;
              if( -- indegree[k] == 0)   Push(&S,k);   /* 若顶点的入度减为 0,则入栈 */
              if(ve[j] + p -> weight > ve[k])   ve[k] = ve[j] + p -> weight;
              p = p -> nextarc;
            }  / * while */
        } / * while */
      if(count < G. vexnum)          return(Error);
      else   return(Ok);
}
```

有了每个事件的最早发生时间,就可以求出每个事件的最迟发生时间,进一步可求出每个活动的最早开始时间和最晚开始时间,最后就可以求出关键路径了。求关键路径的算法实现如下。

算法 7.9　关键路径算法

```
int CriticalPath(AdjList G)
    {  ArcNode   * p;
  int  i,j,k,dut,ei,li;  char tag;
  int  vl[MAX_VERTEX_NUM];             /* 每个顶点的最迟发生时间 */
  Stack T;
      if(! TopoOrder(G,&T))  return(Error);
      for(i = 0;i < G. vexnum;i + + )
```

```
            vl[i] = ve[i];                    /* 初始化顶点事件的最迟发生时间 */
        while(! StackEmpty(T))                /* 按逆拓扑顺序求各顶点的 vl 值 */
          { Pop(&T,&j);
            p = G.vertex[j].firstarc;
            while(p! = NULL)
              { k = p -> adjvex; dut = p -> weight;
                    if(vl[k] - dut < vl[j])  vl[j] = vl[k] - dut;
                p = p -> nextarc;
                } /* while */
            } /* while */
        for(j = 0;j < G.vexnum;j ++ )         /* 求 ei,li 和关键活动 */
          { p = G.vertex[j].firstarc;
            while(p! = NULL)
              { k = p -> Adjvex; dut = p -> weight;
                ei = ve[j];li = vl[k] - dut;
                  tag = (ei == li)? '*':'';
                  printf(" % c, % c, % d, % d, % d, % c\n",
                      G.vertex[j].data,G.vertex[k].data,dut,ei,li,tag);  /* 输出关键活动 */
                p = p -> nextarc;
                } /* while */
            } /* for */
        return(Ok);
    } / * CriticalPath * /
```

算法的时间复杂度为 $O(n+e)$。

7.7 最短路径

我们时常会面临对路径选择问题。例如,在北京、上海、广州等城市,因为城市面积较大,乘地铁或公交从 A 到 B,如何换乘到达?

在现实生活中,每个人需求不同,有人希望时间最短,有人希望换乘少,有人希望花的钱少,简单的图形可以靠人的感觉和经验,复杂的网络就需要计算机通过算法来提供最佳方案。这一节我们就要研究这个问题,即最短路径。

如果将交通网络画成带权图,结点代表地点,边代表城镇间的路,边权表示路的长度,则经常会遇到如下问题:两给定地点间是否有通路? 如果有多条通路,哪条路最短? 我们还可以根据实际情况给各个边赋以不同含义的值。例如,对司机来说,里程和速度是他们最感兴趣的信息;而对于旅客来说,可能更关心交通费用。有时,还需要考虑交通图的有向性,如航行时顺水和逆水的情况。带权图的最短路径是指两点间的路径中边权和最小的路径。

在网络图和非网络图中,最短路径的含义是不同的。由于非网图没有边上的权值,所谓最短路径，就是指两个顶点之间经过的边数最少的路径；对于网络图来说，最短路径是指两个顶点之间经过的边上权值之和最少的路径，并且我们称路径上的第一个顶点是源点，最后一个顶点是终点。显然，我们研究网络图更有实际意义。

求最短路径的方法有两种：

（1）求一结点到其他结点的最短路径；

（2）求任意两点间的最短路径。

7.7.1 求某一顶点到其他各顶点的最短路径

设有带权的有向图 $D=(V,\{E\})$，D 中的边权为 $W(e)$。已知源点为 v_0，求 v_0 到其他各顶点的最短路径。例如，在图 7-33(a)所示的带权有向图中，v_0 为源点，则 v_0 到其他各顶点的最短路径如图 7-33(b)所示，其中各最短路径按路径长度从小到大的顺序排列。

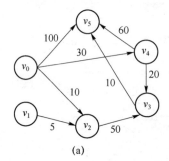

始点	终点	最短路径	路径长度
v_0	v_1	无	
	v_2	(v_0,v_2)	10
	v_3	(v_0,v_4,v_3)	50
	v_4	(v_0,v_4)	30
	v_5	(v_0,v_4,v_3,v_5)	60

(a)　　　　　　　　　　　　　(b)

图 7-33　最短路径

求解单源最短路径的经典算法是 Dijkstra 算法。

1．基本思想

设置一个集合 S 存放已经找到最短路径的顶点，S 的初始状态只包含源点 v，对 $v_i\in V-S$，假设从源点 v 到 v_i 的有向边为最短路径。以后每求得一条最短路径 $v,\cdots,v_k$，就将 v_k 加入集合 S 中，并将路径 $v,\cdots,v_k,v_i$ 与原来的假设相比较，取路径长度较小者为最短路径。重复上述过程，直到集合 V 中全部顶点加入到集合 S 中。

下一条最短路径（设其终点为 v_i）或者是弧(v_0,v_i)，或者是中间经过 S 中的顶点而最后到达顶点 v_i 的路径。

2．算法示例

算法示例如图 7-34 所示。

3．算法步骤

（1）令 $S=\{V_s\}$，用带权的邻接矩阵表示有向图，对图中每个顶点 v_i 按以下原则置初值：

$$\text{dist}[i]=\begin{cases}0, & i=s\\ W_{si}, & i\neq s\ \text{且}<v_s,v_i>\in E,W_{si}\text{为弧上的权值}\\ \infty, & i\neq s\ \text{且}<v_s,v_i>\notin E\end{cases}$$

（2）选择一个顶点 v_j，使得：$\text{dist}[j]=\text{Min}\{\text{dist}[k]\,|\,v_k\in V-S\}$，$v_j$ 就是求得的下一条最

短路径终点,将 v_j 并入 S 中,即 $S = S \bigcup \{v_j\}$。

(3) 对 $V - S$ 中的每个顶点 v_k,修改 $\text{dist}[k]$,方法是:若 $\text{dist}[j] + W_{jk} < \text{dist}[k]$,则修改为:

$$\text{dist}[k] = \text{dist}[j] + W_{jk} (v_k \in V\text{-}S)$$

(4) 重复(2)和(3),直到 $S = V$ 为止。

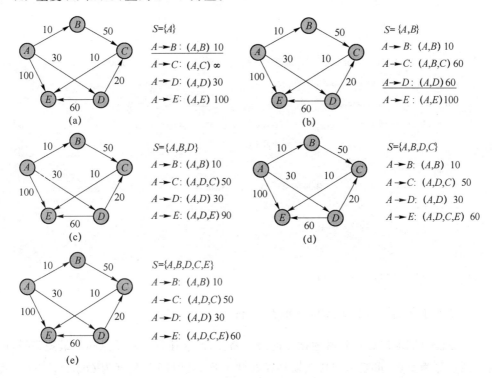

图 7-34　最短路径算法图例

4. 算法实现

求最短路径的算法描述如下。

算法 7.10　图的最短路径算法

```
typedef SeqList VertexSet;
ShortestPath_DJS(AdjMatrix  g,  int  v0,
                 WeightType  dist[MAX_VERTEX_NUM],
                 VertexSet  path[MAX_VERTEX_NUM]  )
/* path[i]中存放顶点 i 的当前最短路径。dist[i]中存放顶点 i 的当前最短路径长度 */
{VertexSet s;  /* s 为已找到最短路径的终点集合 */
    for (i = 0;i < g.vexnum ;i ++)            /* 初始化 dist[i]和 path[i] */
      { InitList(&path[i]);
          dist[i] = g.arcs[v0][i];
      if (dist[i] < MAX)
            { AddTail(&path[i],  g.vexs[v0]);  /* AddTail 为表尾添加操作 */
              AddTail(&path[i],  g.vexs[i]);
```

```
            }
        }
    InitList(&s);
    AddTail(&s, g.vexs[v0]);                /* 将 v0 看成第一个已找到最短路径的终点 */
    for (t = 1；t <= g.vexnum - 1；t++)       /* 求 v0 到其余 n-1 个顶点的最短路径(n = g.vexnum) */
        { min = MAX;
        for (i = 0；i < g.vexnum；i++)
            if (! Member(g.vex[i], s) && dist[i] < min ) {k = i; min = dist[i];}
        AddTail(&s, g.vexs[k]);
        for (i = 0；i < g.vexnum；i++)       /* 修正 dist[i], i∈V-S */
            if (! Member(g.vex[i], s) && (dist[k] + g.arcs [k][i] < dist[i]))
                {dist[i] = dist[k] + g.arcs [k][i];
                path[i] = path[k];
                AddTail(&path[i], g.vexs[i]); /* path[i] = path[k]∪{Vi} */
                }
            }
}
```

显然，算法的时间复杂度为 $O(n^2)$。

7.7.2 求任意一对顶点间的最短路径

上述方法只能求出源点到其他顶点的最短路径，欲求任意一对顶点间的最短路径，可以用每一顶点作为源点，重复调用狄杰斯特拉算法 n 次，其时间复杂度为 $O(n^3)$。下面，我们介绍一种形式更简洁的方法，即弗洛伊德算法，其时间复杂度也是 $O(n^3)$。

1. 基本思想

对于从 v_i 到 v_j 的弧，进行 n 次试探：首先考虑路径 v_i, v_0, v_j 是否存在，如果存在，则比较 v_i, v_j 和 v_i, v_0, v_j 的路径长度，取较短者为从 v_i 到 v_j 的中间顶点的序号不大于 0 的最短路径。在路径上再增加一个顶点 v_1，依此类推，在经过 n 次比较后，最后求得的必是从顶点 v_i 到顶点 v_j 的最短路径。

2. 算法示例

算法示例如图 7-35 所示。

3. 算法实现

图的存储结构：带权的邻接矩阵存储结构

数组 dist[n][n]：存放在迭代过程中求得的最短路径长度。迭代公式：

$$\begin{cases} \text{dist}_{-1}[i][j] = \text{arc}[i][j] \\ \text{dist}_k[i][j] = \min\{\text{dist}_{k-1}[i][j], \text{dist}_{k-1}[i][k] + \text{dist}_{k-1}[k][j]\} & 0 \leq k \leq n-1 \end{cases}$$

数组 path[n][n]：存放从 v_i 到 v_j 的最短路径，初始为 path$[i][j] = "v_i v_j"$。

弗洛伊德算法可以描述如下。

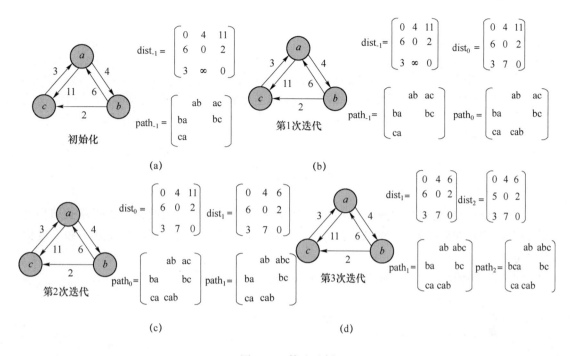

图 7-35 算法示例

算法 7.11 弗洛伊德算法

```
typedef   SeqList VertexSet;
ShortestPath_Floyd(AdjMatrix   g,
                  WeightType   dist[MAX_VERTEX_NUM][MAX_VERTEX_NUM],
                  VertexSet   path[MAX_VERTEX_NUM][MAX_VERTEX_NUM])
/* g为带权有向图的邻接矩阵表示法,path[i][j]为vᵢ到vⱼ的当前最短路径,dist[i][j]为vᵢ到vⱼ的
当前最短路径长度*/
{
  for (i = 0; i < g.vexnumn; i++)
    for (j = 0;j < g.vexnum; j++)
      {          /*初始化dist[i][j]和path[i][j]*/
          InitList(&path[i][j]);
          dist[i][j] = g.arcs[i][j];
          if (dist[i][j] < MAX)
            {AddTail(&path[i][j],  g.vexs[i]);
             AddTail(&path[i][j],  g.vexs[j]);
                    }
      }
  for (k = 0;k < g.vexnum;k++)
    for (i = 0;i < g.vexnum;i++)
      for (j = 0;j < g.vexnum;j++)
```

```
         if (dist[i][k] + dist[k][j] < dist[i][j])
              {
    dist[i][j] = dist[i][k] + dist[k][j];
             paht[i][j] = JoinList(paht[i][k], paht[k][j]);
         }    /* JoinList 为合并线性表操作 */
}
```

本 章 小 结

本章介绍了图的定义和图的相关概念,图分为有向图和无向图两种。图的存储结构主要有两种:邻接矩阵表示法、邻接表表示法。图的遍历主要有两种:深度优先遍历和广度优先遍历。

图的主要应用有最小生成树、拓扑排序、关键路径、最短路径。

练 习 题

一、填空题

1. n 个顶点的连通图至少_____条边。

2. 在无权图 G 的邻接矩阵 A 中,若 (v_i, v_j) 或 $<v_i, v_j>$ 属于图 G 的边集合,则对应元素 $A[i][j]$ 等于_____,否则等于_____。

3. 在无向图 G 的邻接矩阵 A 中,若 $A[i][j]$ 等于 1,则 $A[j][i]$ 等于_____。

4. 已知图 G 的邻接表如题图 7-1 所示,其从顶点 v_1 出发的深度有限搜索序列为_____,其从顶点 v_1 出发的宽度优先搜索序列为_____。

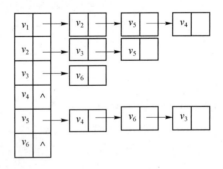

题图 7-1′

5. 已知一个有向图的邻接矩阵表示,计算第 i 个结点的入度的方法是_____。

6. 已知一个图的邻接矩阵表示,删除所有从第 i 个结点出发的边的方法是_____。

7. 一个图的_____表示法是唯一的,而_____表示法是不唯一的。

8. 图的两种最基本的存储方式是_____和_____。

9. n 个结点的完全有向图含有边的数目_____。

10. 哪一种图的邻接矩阵是对称矩阵?_____。

二、选择题

1. 在一个图中,所有顶点的度数之和等于所有边数的( )倍。

A. 1/2   B. 1   C. 2   D. 4

2. 任何一个无向连通图的最小生成树( )。

A. 只有一棵   B. 有一棵或多棵   C. 一定有多棵   D. 可能不存在

3. 在一个有向图中,所有顶点的入度之和等于所有顶点的出度之和的( )倍。

A. 1/2   B. 1   C. 2   D. 4

4. 一个有 n 个顶点的无向图最多有( )条边。

A. n B. $n(n-1)$ C. $n(n-1)/2$ D. $2n$

5. 具有 4 个顶点的无向完全图有( )条边。

A. 6   B. 12   C. 16   D. 20

6. 具有 6 个顶点的无向图至少应有( )条边才能确保是一个连通图。

A. 5   B. 6   C. 7   D. 8

7. 在一个具有 n 个顶点的无向图中,要连通全部顶点至少需要( )条边。

A. n B. $n+1$ C. $n-1$ D. $n/2$

8. 对于一个具有 n 个顶点的无向图,若采用邻接矩阵表示,则该矩阵的大小是( )。

A. n B. $(n-1)^2$ C. $n-1$ D. n^2

9. 已知一个图如题图 7-2 所示,若从顶点 a 出发按深度搜索法进行遍历,则可能得到的一种顶点序列为＿＿＿＿① ;按宽度搜索法进行遍历,则可能得到的一种顶点序列为＿＿＿② 。

① A. a,b,e,c,d,f   B. e,c,f,e,b,d   C. a,e,b,c,f,d   D. a,e,d,f,c,b

② A. a,b,c,e,d,f   B. a,b,c,e,f,d   C. a,e,b,c,f,d   D. a,c,f,d,e,b

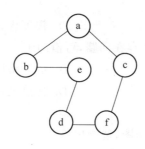

题图 7-2

10. 已知一有向图的邻接表存储结构如题图 7-3 所示。

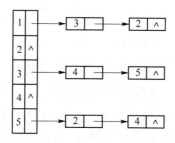

题图 7-3

(1) 根据有向图的深度优先遍历算法，从顶点 v_1 出发，所得到的顶点序列是（　　）。

A. v_1,v_2,v_3,v_5,v_4　　　　　　　B. v_1,v_2,v_3,v_4,v_5

C. v_1,v_3,v_4,v_5,v_2　　　　　　　D. v_1,v_4,v_3,v_5,v_2

(2) 根据有向图的宽度优先遍历算法，从顶点 v_1 出发，所得到的顶点序列是（　　）。

A. v_1,v_2,v_4,v_5　　　　　　　　B. v_1,v_3,v_2,v_4,v_5

C. v_1,v_2,v_3,v_5,v_4　　　　　　　D. v_1,v_4,v_3,v_5,v_2

11. 关键路径是事件结点网络中（　　）。

A. 从源点到汇点的最长路径　　　　B. 从源点到汇点的最短路径

C. 最长的回路　　　　　　　　　D. 最短的回路

12. 在题图 7-4 所示的拓扑排列的结果序列为（　　）。

A. 125634　　　　B. 516234　　　　C. 123456　　　　D. 521634

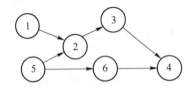

题图 7-4

13. 若用邻接矩阵表示一个有向图，则其中每一列包含的"1"的个数为（　　）。

A. 图中每个顶点的入度　　　　　　B. 图中每个顶点的出度

C. 图中弧的条数　　　　　　　　　D. 图中连通分量的数目

14. 在一个带权连通图 G 中，权值最小的边一定包含在 G 的（　　）。

A. 最小生成树中　　　　　　　　　B. 深度优先生成树中

C. 广度优先生成树中　　　　　　　D. 深度优先生成森林中

15. 为便于判别有向图中是否存在回路，可借助于（　　）。

A. 最小生成树算法　　　　　　　　B. 最短路径算法

C. 拓扑排序算法　　　　　　　　　D. 深度遍历算法

三、应用题

1. 已知如题图 7-5 所示的有向图，请给出该图：

(1) 每个顶点的入度、出度；

(2) 邻接矩阵；

(3) 邻接表；

(4) 逆邻接表；

(5) 十字链表；

(6) 强连通分量。

2. 已知如题图 7-6 所示的无向图，请给出该图：

(1) 邻接多重表（要求每个边结点中第一个顶点号小于第

二个顶点号，且每个顶点的各邻接边的链接顺序，为它所邻接到

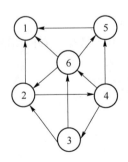

题图 7-5

的顶点序号由小到大的顺序）；

（2）深度优先遍历该图所得顶点序列和边的序列；

（3）广度优先遍历该图所得顶点序列和边的序列。

3. 已知如题图 7-7 所示的 AOE 网,试求:

（1）每个事件的最早发生时间和最晚发生时间；

（2）每个活动的最早开始时间和最晚开始时间；

（3）给出关键路径。

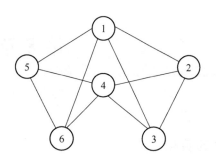

题图 7-6

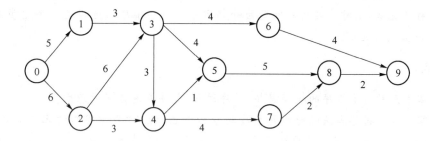

题图 7-7

4. 已知如题图 7-8 所示的有向网,试利用 Dijkstra 算法求顶点 1 到其余顶点的最短路径,并给出算法执行过程中各步的状态。

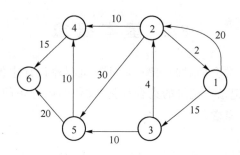

题图 7-8

5. 编写算法,由依次输入的顶点数目、弧的数目、各顶点的信息和各条弧的信息建立有向图的邻接表。

6. 试在邻接矩阵存储结构上实现图的基本操作:InsertVertex(G,v),InsertArc(G,v,w),DeleteVertex(G,v)和 DeleteArc(G,v,w)。

第8章 内部排序

学习目标

　　排序是计算机内经常进行的一种操作,其目的是将一组"无序"的记录序列调整为"有序"的记录序列。排序分内部排序和外部排序。若整个排序过程不需要访问外存便能完成,则称此类排序问题为内部排序。反之,若参加排序的记录数量很大,整个序列的排序过程不可能在内存中完成,则称此类排序问题为外部排序。内部排序的过程是一个逐步扩大记录的有序序列长度的过程。

知识要点

　　(1)掌握几种基本排序的排序思想、排序过程、算法及其依据的原则。

　　(2)掌握各种排序算法的时间复杂度的分析方法,能从"关键字间的比较次数"分析排序算法的平均情况和最坏情况的时间性能。按平均时间复杂度划分,内部排序可分为三类:$O(n^2)$的简单排序方法、$O(n\log_2 n)$的高效排序方法和$O(d \times n)$的基数排序方法。

　　(3)理解排序方法稳定和不稳定的含义。

　　(4)希尔排序、快速排序、堆排序和归并排序等高效方法是本章学习的重点和难点。

8.1　基 本 概 念

　　排序是我们生活中经常会面对的问题,是计算机程序设计中的一种重要操作。在排序中结点(数据元素)称为"记录",记录的集合称为"文件",内存中的文件也常称为"线性表"。下面介绍关于排序的相关概念。

　　1. 排序

　　排序的定义如下:假设含 n 个记录的序列为$\{R_1,R_2,\cdots,R_n\}$,其相应的关键字序列为$\{K_1,K_2,\cdots,K_n\}$,需确定 $1,2,\cdots,n$ 的一种排列 $P_1,P_2,\cdots,P_n$,使其相应的关键字满足如下的非递减(或非递增)关系 $K_{p1}\leqslant K_{p2}\leqslant\cdots\leqslant K_{pn}$(或 $K_{i1}\geqslant K_{i2}\geqslant\cdots\geqslant K_{in}$),序列成为一个按关键字有序的序列$\{R_{p1},R_{p2},\cdots,R_{pn}\}$,这样一种操作称为排序。

　　上述排序定义中的关键字 K_i 可以是记录 $R_i(i=1,2,\cdots,n)$ 的主关键字,也可以是记录 R_i 的次关键字,甚至是若干数据项的组合。若 K_i 是主关键字,则任何一个记录的无序序列经排序后得到的结果是唯一的;若 K_i 是次关键字,则排序的结果不唯一,因为待排序的记录序列中可能存在两个或两个以上关键字相等的记录。

　　文件是被排序的对象,它由一组记录组成。记录则由若干个数据项(或域)组成。其中有一项可用来标识一个记录,称为关键字项。该数据项的值称为关键字(key)。

关键字是数据元素中的某个数据项。如果某个数据项可以唯一地确定一个数据元素,就将其称为主关键字;否则,称为次关键字。用来作排序运算依据的关键字可以是数字类型,也可以是字符类型。关键字的选取应根据问题的要求而定。

2. 稳定排序与不稳定排序

假设 $K_i = K_j (1 \leqslant i \leqslant n, 1 \leqslant j \leqslant n, i <> j)$,且在排序前的序列中 R_i 领先于 R_j(即 $i < j$)。若在排序后的序列中 R_i 仍领先于 R_j,则称所用的排序方法是稳定的;反之,若可能使排序后的序列中 R_j 仍领先于 R_i,则称所用的排序方法是不稳定的。即若待排序文件中有关键字相等的记录,排序后,其前后相对次序与排序前未发生变化,这种排序称为"稳定"排序,否则是"不稳定"排序。

所谓稳定排序,就是相等的两个数排序前是什么顺序,排序后也是什么顺序。比如 $a = 1, b = 3, c = 1, a, b, c$ 这 3 个数进行排序,a 本来在 c 前面,如果能保证排序后,a 还是在 c 前面,就是稳定排序,否则就是不稳定排序。

再如,序列 3,15,8[1],8[2],6,9,若排序后得 3,6,8[1],8[2],9,15,则为稳定的排序;若排序后得 3,6,8[2],8[1],9,15,则为不稳定的排序。

稳定排序有:冒泡排序、插入排序、归并排序、基数排序。

不稳定排序有:选择排序、快速排序、希尔排序、堆排序。

稳定排序与不稳定排序表示所用的排序方法,并不说明哪种方法好与差。

3. 内部排序和外部排序

待排序的记录数量不同,使得排序过程中涉及的存储器不同,根据在排序过程中待排序的所有数据元素是否全部被放置在内存中,可将排序方法分为内部排序和外部排序两大类。

内部排序是指在排序的整个过程中,待排序的所有数据元素全部被放置在内存中;外部排序是指由于待排序的数据元素个数太多,不能同时放置在内存,而需要将一部分数据元素放置在内存,另一部分数据元素放置在外设上,整个排序过程需要在内外存之间多次交换数据才能得到排序的结果。

本章只讨论常用的内部排序方法。

4. 内部排序的方法

内部排序的方法很多,但就其全面性能而言,很难提出一种被认为是最好的方法,每一种方法都有各自的优缺点,适合在不同的环境(如记录的初始排列状态等)下使用。如果按排序过程中依据的不同原则对内部排序方法进行分类,则大致可分为插入排序、交换排序、选择排序、归并排序和基数排序五类;如果按内部排序过程中所需的工作量来区分,则可分为三类:①简单的排序方法,其时间复杂度为 $O(n^2)$,时间效率低;②先进的排序方法,其时间复杂度为 $O(n\log_2 n)$,时间效率高;③基数排序,其时间复杂度为 $O(d \times n)$,时间效率高。

本章仅就每一类介绍一两个典型算法,在学习本章内容时除了掌握算法本身以外,更重要的是了解该算法在进行排序时所依据的原则,以利于学习和创造更加新的算法。

5. 排序算法分析

(1)排序算法的基本操作

通常,在排序的过程中需进行下列两种基本操作:

① 比较两个关键字的大小；

② 改变指向记录的指针或移动记录本身。

前一个操作对大多数排序方法来说都是必要的，而后一个操作的实现依赖于待排序记录的存储方式，可以通过改变记录的存储方式来予以避免。

（2）待排序记录的常用存储方式

① 以顺序表（或直接用向量）作为存储结构。

待排序的一组记录存放在地址连续的一组存储单元上，类似于线性表的顺序存储结构，在序列中相邻的两个记录 R_i 和 R_{j+1}（$j=1,2,\cdots,n-1$），它们的存储位置也相邻。

排序过程：对记录本身进行物理重排（即通过关键字之间的比较判定，将记录移到合适的位置），即直接移动记录。

② 以链表作为存储结构。

一组待排序记录存放在静态链表中，记录之间的次序关系由指针指示，则实现排序不需要移动记录，仅需修改指针即可。

排序过程：无须移动记录，仅需修改指针。通常将这类排序称为链表（或链式）排序。

③ 用顺序的方式存储待排序的记录，但同时建立一个辅助表（如包括关键字和指向记录位置的指针组成的索引表）。

待排序的记录本身存储在地址连续的存储单元内，同时另设一个指示各个记录存储位置的地址向量，在排序过程中不移动记录本身，而移动地址向量中这些记录的"地址"，在排序结束后再按照地址向量中的值调整记录的存储位置。

排序过程：只需对辅助表的表目进行物理重排（即只移动辅助表的表目，而不移动记录本身）。适用于难以在链表上实现，仍需避免排序过程中移动记录的排序方法。

在第二种存储方式下实现的排序又称（链）表排序，在第三种存储方式下实现的排序又称地址排序。

6. 排序算法的效率

评价排序算法的效率主要有两点：一是在数据量规模一定的条件下，算法执行所消耗的平均时间，对于排序操作，时间主要消耗在关键字之间的比较和数据元素的移动上，因此我们可以认为高效率的排序算法应该是尽可能少的比较次数和尽可能少的数据元素移动次数；二是执行算法所需要的辅助存储空间，辅助存储空间是指在数据量规模一定的条件下，除了存放待排序数据元素占用的存储空间之外，执行算法所需要的其他存储空间，理想的空间效率是算法执行期间所需要的辅助空间与待排序的数据量无关。

在本章的讨论中，设待排序的一组记录以上述第一种方式存储，且为了讨论方便，设记录的关键字均为整数。即在以后讨论的大部分算法中，待排记录的数据类型设为：

```
#define n 100                    //假设的文件长度,即待排序的记录数目
  typedef int KeyType;           //假设的关键字类型
  typedef struct{                //记录类型
    KeyType key;                 //关键字项
    InfoType otherinfo;          //其他数据项,类型 InfoType 依赖于具体应用而定义
  }RecType;
  typedef RecType SeqList[n+1];  //SeqList 为顺序表类型,表中第 0 个单元一般用作哨兵
```

注意：若关键字类型没有比较算符，则可事先定义宏或函数来表示比较运算。

8.2　插 入 排 序

插入排序是最简单的排序方法，主要思路是不断地将待排序的数值插入有序段中，使有序段逐渐扩大，直至所有数值都进入有序段中位置。

8.2.1　直接插入排序

1. 直接插入排序的基本思想

直接插入排序是一种比较简单的排序方法。它的基本思想是依次将记录序列中的每一个记录插入到有序段中，使有序段的长度不断地扩大。其具体的排序过程可以描述如下：首先将待排序记录序列中的第一个记录作为一个有序段，将记录序列中的第二个记录插入到上述有序段中形成由两个记录组成的有序段，再将记录序列中的第三个记录插入到这个有序段中，形成由三个记录组成的有序段……依此类推，每一趟都是将一个记录插入到前面的有序段中，假设当前欲处理第 i 个记录，则应该将这个记录插入到由前 $i-1$ 个记录组成的有序段中，从而形成一个由 i 个记录组成的按关键字值排列的有序序列，直到所有记录都插入到有序段中。一共需要经过 $n-1$ 趟就可以将初始序列的 n 个记录重新排列成按关键字值大小排列的有序序列。

例如，关键字序列 $T=(13,6,3,31,9,27,5,11)$，插入排序的中间过程序列如图 8-1 所示。

初始关键字序列：　　【13】,6,3,31,9,27,5,11

第一次排序：　　　　【6,13】,3,31,9,27,5,11

第二次排序：　　　　【3,6,13】,31,9,27,5,11

第三次排序：　　　　【3,6,13,31】,9,27,5,11

第四次排序：　　　　【3,6,9,13,31】,27,5,11

第五次排序：　　　　【3,6,9,13,27,31】,5,11

第六次排序：　　　　【3,5,6,9,13,27,31】,11

第七次排序：　　　　【3,5,6,9,11,13,27,31】

图 8-1　直接插入排序过程

注：方括号【】内的表示有序段。

2. 直接插入排序算法

直接插入排序算法主要应用比较和移动两种操作，将第 i 个记录插入由前面 $i-1$ 个记录构成的有序段中，步骤如下：

(1) 将待插入记录 a[i] 保存在 a[0] 中，即 a[0]=a[i]；

(2) 搜索插入位置：

```
j = i - 1;                    //j 最初指示 i 的前一个位置
while (a[0].key < a[j].key)
    {
    a[j + 1] = a[j];          //后移关键字值大于 a[0].key 的记录
        j = j - 1;            //将 j 指向前一个记录,为下次比较做准备
        }
    a[j + 1] = a[0];          //将 a[0] 放置在第 j + 1 个位置上
```

算法 8.1　插入排序

```
void insertsort (DataType a, int n)
{
for (i = 2; i <= n; i ++)    //需要 n - 1 趟
{
a[0] = a[i];                  //将 a[i] 赋予监视哨
j = i - 1;
while (a[0].key < a[j].key)//搜索插入位置
{ a[j + 1] = a[j];
j = j - 1;
}
a[j + 1] = a[0];             // 将原 a[i] 中的记录放入第 j + 1 个位置
}
}
```

3. 直接插入排序的算法复杂度

从上面的叙述可见,直接插入排序的算法简洁,容易实现,那么它的效率如何呢?

从空间来看,它只需要一个记录的辅助空间,从时间来看,排序的基本操作为:比较两个关键字的大小和移动记录。先分析一趟插入排序的情况。算法 8.1 中里层的 for 循环的次数取决于待插记录的关键字与前 $i-1$ 个记录的关键字之间的关系。若 L. r[i]. key < L. r[1]. key,则内循环中,待插记录的关键字需与有序子序列 L. r[1..$i-1$] 中 $i-1$ 个记录的关键字和监视哨中的关键字进行比较,并将 L. r[1..$i-1$] 中 $i-1$ 个记录后移。则在整个排序过程(进行 $n-1$ 趟插入排序)中,当待排序列中记录按关键字非递减有序排列(以下称为"正序")时,所需进行关键字间比较的次数达最小值 $n-1$(即 $\sum_{i=2}^{n} 1$),记录无须移动;反之,当待排序列中记录按关键字非递增有序排列(以下称为"逆序")时,总的比较次数达最大值 $(n+2)(n-1)/2$(即 $\sum_{i=2}^{n} i$),记录移动的次数也达最大值 $(n+4)(n-1)/2$(即 $\sum_{i=2}^{n}(i+1)$)。若待排序记录是随机的,即待排序列中的记录可能出现的各种排列的概率相同,则我们可取上述最小值和最大值的平均值,作为直接插入排序时所需进行关键字间的比较次数和移动记录的次数,约为 $n^2/4$。由此,直接插入排序的时间复杂度为 $O(n^2)$,空间复杂度只占一个单元($r[0]$)。

直接插入排序算法简单,容易实现,只需要一个记录大小的辅助空间用于存放待插入的

记录(在 C 语言中,我们利用了数组中的 0 单元)和两个 int 型变量。当待排序记录较少时,排序速度较快,但是,当待排序的记录数量较大时,大量的比较和移动操作将使直接插入排序算法的效率降低;然而,当待排序的数据元素基本有序时,直接插入排序过程中的移动次数大大减少,从而效率会有所提高。插入排序是一种稳定的排序方法。

8.2.2 希尔排序

希尔排序又称缩小增量排序,也是一种属于插入排序类的方法,但在时间效率上比直接插入排序方法有较大的改进,是 Shell 在 1959 年提出的。

1. 希尔排序的基本思想

希尔排序的基本思想是:将待排序的记录划分成若干组,对同一小组内的数据元素用直接插入法排序,从而减少参与直接插入排序的数据量;小组的个数逐次缩小,当经过几次分组排序后,记录的排列已经基本有序,这个时候再对所有的记录实施直接插入排序,使所有数据元素都在一个组内。

具体做法:先取一个小于 n 的整数 d_1 作为第一个增量,把文件的全部记录分成 d_1 个组。所有距离为 d_1 的倍数的记录放在同一个组中。先在各组内进行直接插入排序;然后取第二个增量 $d_2 < d_1$ 重复上述的分组和排序,直至所取的增量 $d_t = 1(d_t < d_{t-1} < \cdots < d_2 < d_1)$,即所有记录放在同一组中进行直接插入排序为止。该方法实质上是一种分组插入方法。

排序过程如图 8-2 所示。第 1 次增量 $d = 5$,将关键字分为 5 组,每组排序;第 2 次增量 $d = 3$,将关键字分为 3 组,每组排序;第 3 次增量 $d = 1$,关键字合为 1 组,排序成功。

```
例:       {49,  38,  65,  97,  76,  13,  27,  49,  55,  04}
增量取5:   49                      13
               38                      27
                   65                      49
                       97                      55
                           76                      04
──────────────────────────────────────────────────────
一趟结果 {13,  27,  49,  55,  04,  49,  38,  65,  97,  76}
增量取3:  13              55              38              76
              27              04              65
                  49              49              97
──────────────────────────────────────────────────────
二趟结果 {13,  04,  49,  38,  27,  49,  55,  65,  97,  76}
增量取1:  13,  04,  49,  38,  27,  49,  55,  65,  97,  76
──────────────────────────────────────────────────────
三趟结果 {04,  13,  27,  38,  49,  49,  55,  65,  76,  97}
```

图 8-2 希尔排序示例

希尔排序的最核心问题就是增量的选择问题,目前并没有研究出具体的方法来求得增量,只是研究出增量如何取才合理。好的增量序列的共同特征:①最后一个增量必须为 1;②应该尽量避免序列中的值(尤其是相邻的值)互为倍数的情况。人们通过大量的实验,给出了目前较好的结果:当 n 较大时,比较和移动的次数在 $n^{1.25}$ 到 $1.6n^{1.25}$。

2. 希尔排序算法

下面给出希尔排序的算法的实现过程。

(1) 分别让每个记录参与相应分组中的排序

若分为 d 组,前 d 个记录就应该分别构成由一个记录组成的有序段,从 $d+1$ 个记录开始,逐一将每个记录 a[i] 插入相应组中的有序段中,其算法可以这样实现:

```
for (i = d + 1; i <= n; i + +)
{
将 a[i]插入相应组的有序段中;
}
```

（2）将 a[i]插入相应组的有序段中的操作可以这样实现:

① 将 a[i]赋予 a[0]中,即 a[0]＝a[i];

② 让 j 指向 a[i]所属组的有序序列中最后一个记录;

③ 搜索 a[i]的插入位置

```
while(j > 0 && a[0].key < a[j].key)
{
a[j + d] = a[j]; j = j - d;
}
```

算法 8.2　希尔排序

```
void shellsort(DataType a,int n)
{
for(d = n/2;d >= 1;d = d/2)
{ for(i = 1 + d;i <= n;i + +) //将 a[i]插入所属组的有序列段中
{
a[0] = a[i]; j = i - d;
while(j > 0&&a[0].key < a[j].key)
{ a[j + d] = a[j];
j = j - d;
}
a[j + d] = a[0];
}
}
}
```

3. 希尔排序的算法复杂度

在希尔排序中,由于开始将 n 个待排序的记录分成了 d 组,所以每组中的记录数目将会减少。在数据量较少时,利用直接插入排序的效率较高。随着反复分组排序,d 值逐渐变小,每个分组中的待排序记录数目将会增多,但此时记录的排列顺序将更接近有序,所以利用直接插入排序不会降低排序的时间效率。通常,$d_i + 1 = d_i/2$(结果取整)。

Knuth 认为希尔排序的平均比较次数和平均移动次数均在 $n^{1.3}$ 左右。

希尔排序的优点:让关键字值小的元素能很快前移,且序列若基本有序时,再用直接插入排序处理,时间效率会高很多。因为仅占用 1 个缓冲单元,其空间效率为 $O(1)$;时间效率为 $O(n\log_2 n)$。希尔排序是一种不稳定的排序方法。

希尔排序的时间性能优于直接插入排序的原因:

① 当文件初态基本有序时直接插入排序所需的比较和移动次数均较少。

② 当 n 值较小时,n 和 n^2 的差别也较小,即直接插入排序的最好时间复杂度 $O(n)$ 和最坏时间复杂度 $O(n^2)$ 差别不大。

③ 在希尔排序开始时增量较大,分组较多,每组的记录数目少,故各组内直接插入较快,后来增量 d_i 逐渐缩小,分组数逐渐减少,而各组的记录数目逐渐增多,但由于已经按 d_{i-1} 作为距离排过序,文件较接近于有序状态,所以新的一趟排序过程也较快。

因此,希尔排序在效率上较直接插入排序有较大的改进。

8.3 交 换 排 序

交换排序是指在排序过程中,主要是通过待排序记录序列中元素间关键字的比较,与存储位置的交换来达到排序目的一类排序方法。

8.3.1 冒泡排序

1. 冒泡排序的基本思想

冒泡排序(bubble sort)是一种交换排序,它的基本思想是:两两比较相邻记录的关键字,如果反序则交换,直到没有反序的记录为止。

图 8-3 展示了冒泡排序的一个实例。从图中可见,在冒泡排序的过程中,关键字较小的记录好比水中气泡逐趟向上飘浮,而关键字较大的记录好比石块往下沉,每一趟有一块"最大"的石头沉到水底。

49	38	38	38	38	13	**13**
38	49	49	49	13	27	**27**
65	65	65	13	27	38	**38**
97	76	13	27	49	**49**	
76	13	27	49	**49**		
13	27	49	**65**			
27	49	**76**				
49	**97**					
初始关键字	第一趟排序后	第二趟排序后	第三趟排序后	第四趟排序后	第五趟排序后	第六趟排序后

图 8-3 冒泡排序示例

2. 冒泡排序算法

算法 8.3 初级冒泡排序算法

```
/*对顺序表 L 作交换排序(冒泡排序初级版)*/
void BubbleSort0(SqList *L)
{
int i,j;
for(i=1;i<L->length;i++)
{
for(j=i+1;j<=L->length;j++)
{
if(L->r[i]>L->r[j])
```

```
        {
            swap(L,i,j);          /* 交换 L->r[i]与 L->r[j]的值 */
        }
    }
  }
}
```

严格意义上说,这段代码不算是标准的冒泡排序算法,因为它不满足"两两比较相邻记录"的冒泡排序思想,它更应该是最简单的交换排序而已。它的思路就是让每一个关键字都和它后面的每一个关键字比较,如果大则交换,这样第一位置的关键字在一次循环后一定变成最小值。如图 8-4 所示,假设我们待排序的关键字序列是{9,1,5,8,3,7,4,6,2},当 $i=1$ 时,9 与 1 交换后,在第一位置的 1 与后面的关键字比较都小,因此它就是最小值。当 $i=2$ 时,第二位置先后由 9 换成 5,换成 3,换成 2,完成了第二小的数字交换。后面的数字变换类似,不再介绍。

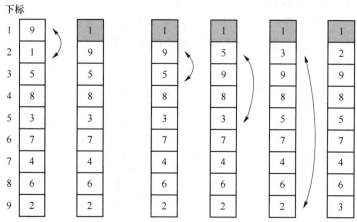

当 $i=1$ 时,9 与 1 交换后,1 与其余关键字比较均最小,因此 1 即最小值放置在首位

当 $i=2$ 时,9 与 5,5 与 3,3 与 2 交换,最终将 2 放置在第二位

图 8-4　冒泡排序图示

它应该算是最容易写出的排序代码了,不过这个简单易懂的代码却是有缺陷的。观察后发现,在排序好 1 和 2 的位置后,对其余关键字的排序没有什么帮助(数字 3 反而还被换到了最后一位)。也就是说,这个算法的效率是非常低的。

我们来看看正宗的冒泡算法,有没有什么改进的地方。

算法 8.4　正宗的冒泡算法

```
/* 对顺序表 L 作冒泡排序 */
void BubbleSort(SqList * L)
{
    int i,j;
    for(i=1;i<L->length;i++)
    {
        for(j=L->length-1;j>=i;j--)    /* 注意 j 是从后往前循环 */
```

```
{
    if(L->r[j]>L->r[j+1])        /* 若前者大于后者(注意这里与上一算法差异)*/
    {
        swap(L,j,j+1);           /* 交换 L->r[j]与 L->r[j+1]的值 */
    }
  }
 }
}
```

依然假设我们待排序的关键字序列是{9,1,5,8,3,7,4,6,2},当 $i=1$ 时,变量 j 由 8 反向循环到 1,逐个比较,将较小值交换到前面,直到最后找到最小值放置在第一的位置。如图 8-5 所示,当 $i=1,j=8$ 时,我们发现 6>2,因此交换了它们的位置,$j=7$ 时,4>2,所以交换……直到 $j=2$ 时,因为 1<2,所以不交换。$j=1$ 时,9>1,交换,最终得到最小值 1 放置第一的位置。事实上,在不断循环的过程中,除了将关键字 1 放到第一的位置,我们还将关键字 2 从第九的位置提到了第三的位置,显然这一算法比前面的要有进步,在上十万条数据的排序过程中,这种差异会体现出来。图中较小的数字如同气泡般慢慢浮到上面,因此就将此算法命名为冒泡算法。

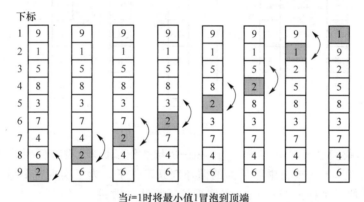

当i=1时将最小值1冒泡到顶端

图 8-5　排序图示(一)

当 $i=2$ 时,变量 j 由 8 反向循环到 2,逐个比较,在将关键字 2 交换到第二位置的同时,也将关键字 4 和 3 有所提升,如图 8-6 所示。

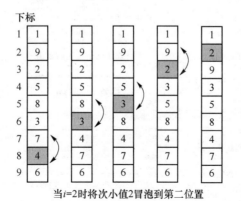

当i=2时将次小值2冒泡到第二位置

图 8-6　排序图示(二)

后面的数字变换很简单，这里就不再赘述。

3. 冒泡排序优化

这样的冒泡程序是否还可以优化呢？答案是肯定的。试想一下，如果我们待排序的序列是{2,1,3,4,5,6,7,8,9}，也就是说，除了第一和第二的关键字需要交换外，别的都已经是正常的顺序。当 $i=1$ 时，交换了 2 和 1，此时序列已经有序，但是算法仍然将 $i=2$ 到 9，以及每个循环中的 j 循环都执行了一遍，尽管并没有交换数据，但是之后的大量比较还是多余了，如图 8-7 所示。

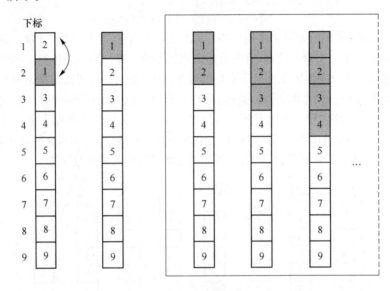

图 8-7 排序图示（三）

当 $i=2$ 时，我们已经对 9 与 8,8 与 7……3 与 2 作了比较，没有任何数据交换，这就说明此序列已经有序，不需要再继续后面的循环判断工作了。为了实现这个想法，我们需要改进一下代码，增加一个标记变量 flag，来实现这一算法的改进。

算法 8.5 改进冒泡排序算法

```
    /* 对顺序表 L 作改进冒泡算法 */
void BubbleSort2(SqList * L)
{
 int i,j;
 Status flag = TRUE;                    /* flag 用来作为标记 */
 for(i = 1;i < L-> length && flag;i++)  /* 若 flag 为 true 则有过数据交换,否则退出循环 */
 {
  flag = FALSE;                         /* 初始为 false */
  for(j = L-> length - 1;j >= i;j-- )
  {
   if(L-> r[j]> L-> r[j + 1])
   {
     swap(L,j,j+1);                      /* 交换 L-> r[j]与 L-> r[j + 1]的值 */
```

```
    flag = TRUE;                /* 如果有数据交换,则 flag 为 true */
  }
 }
}
}
```

代码改动的关键就是在 i 变量的 for 循环中,增加了对 flag 是否为 true 的判断。经过这样的改进,冒泡排序在性能上就有了一些提升,可以避免因已经有序的情况下的无意义循环判断。

冒泡排序过程中,一旦发现某一趟没有进行交换操作,就表明此时待排序记录序列已经成为有序序列,冒泡排序再进行下去已经没有必要,应立即结束排序过程。

4. 冒泡排序算法的时间复杂度

分析冒泡排序的效率,容易看出,冒泡排序的比较次数和记录的初始顺序有关。若初始序列为“正序”序列,则只需进行一趟排序,在排序过程中进行 $n-1$ 次关键字间的比较,且不移动记录;反之,若初始序列为“逆序”序列,则需进行 $n-1$ 趟排序,需进行 $\sum_{i=2}^{n}(i-1) = n(n-1)/2$ 次比较,并作等数量级的记录移动。因此,总的时间复杂度为 $O(n^2)$,存储开销为一个记录空间,供交换用。

冒泡排序的优点是:每趟结束时,不仅能挤出一个最大值或最小值到最后面位置,还能同时部分理顺其他元素;一旦下趟没有交换发生,还可以提前结束排序。

冒泡排序比较简单,当初始序列基本有序时,冒泡排序有较高的效率,反之效率较低;冒泡排序只需要一个记录的辅助空间,用来作为记录交换的中间暂存单元;冒泡排序是一种稳定的排序方法。

8.3.2　快速排序

1. 快速排序的基本思想

快速排序(quick sort)的基本思想是:通过一趟排序将待排记录分割成独立的两部分,其中一部分记录的关键字均比另一部分记录的关键字小,则可分别对这两部分记录继续进行排序,以达到整个序列有序的目的。

对待排序记录序列进行一趟快速排序的过程描述如下。

(1)初始化:取第一个记录作为基准,其关键字值为 19,设置两个指针 i、j 分别用来指示将要与基准记录进行比较的左侧记录位置和右侧记录位置。最开始从右侧开始比较,当发生交换操作后,转去再从左侧比较。

(2)用基准记录与右侧记录进行比较,即与指针 j 指向的记录进行比较,如果右侧记录的关键字值大,则继续与右侧前一个记录进行比较,即 j 减 1 后,再用基准元素与 j 指向的记录比较,若右侧的记录小(逆序),则将基准记录与 j 指向的记录进行交换。

(3)用基准元素与左侧记录进行比较,即与指针 i 指向的记录进行比较,如果左侧记录的关键字值小,则继续与左侧后一个记录进行比较,即 i 加 1 后,再用基准记录与 i 指向的记录比较,若左侧的记录大(逆序),则将基准记录与 i 指向的记录交换。

(4)右侧比较与左侧比较交替重复进行,直到指针 i 与 j 指向同一位置,即指向基准记录最终的位置。

一趟快速排序之后，再分别对左右两个区域进行快速排序，依此类推，直到每个分区域都只有一个记录为止。

2. 快速排序算法

快速排序是一个递归的过程，只要能够实现一趟快速排序的算法，就可以利用递归的方法对一趟快速排序后的左右分区域分别进行快速排序。下面是一趟快速排序的算法分析。

（1）初始化：

将 i 和 j 分别指向待排序区域的最左侧记录和最右侧记录的位置。

```
i = low; j = high;
```

将基准记录暂存在 temp 中。

```
temp = a[i];
```

（2）对当前待排序区域从右侧将要进行比较的记录（j 指向的记录）开始向左侧进行扫描，直到找到第一个关键字值小于基准记录关键字值的记录：

```
while (i < j && temp.key <= a[j]) j--;
```

（3）如果 i!=j，则将 a[j]中的记录移至 a[i]，并将 i++：

```
a[i] = a[j]; i++;
```

（4）对当前待排序区域从左侧将要进行比较的记录（i 指向的记录）开始向右侧进行扫描，直到找到第一个关键字值大于基准记录关键字的记录：

```
while (i < j && a[i] <= temp.key) i++;
```

（5）如果 i!=j，则将 a[i]中的记录移至 a[j]，并将 j++：

```
a[j] = a[i]; j++;
```

（6）如果此时仍有 $i<j$，则重复上述（2）～（5）操作，否则，表明找到了基准记录的最终位置，并将基准记录移到它的最终位置上：

```
while(i < j)
{
执行(2)~(5) 步骤
}
a[i] = temp;
```

排序过程如图8-8所示，下面是快速排序的完整算法。

算法8.6 快速排序算法

```
void quicksort (DataType a, int first, int end )
{
    i = low; j = high; temp = a[i];            //初始化
    while(i < j)
    {
```

```
    while (i < j && temp.key < = a[j].key) j-- ;
    a[i] = a[j];
    while (i < j && a[i].key < = temp.key) i++ ;
        a[j] = a[i];
  }
  a[i] = temp;
if (first < i-1) quicksort(a,first,i-1);//对左侧分区域进行快速排序
if (i+1 < end) quicksort(a,i+1,end);//对右侧分区域进行快速排序
}
```

整个快速排序的过程可递归进行,若待排序列中只有一个记录,显然已有序,否则进行一趟快速排序后再分别对分割所得的两个子序列进行快速排序,如图 8-9 所示。

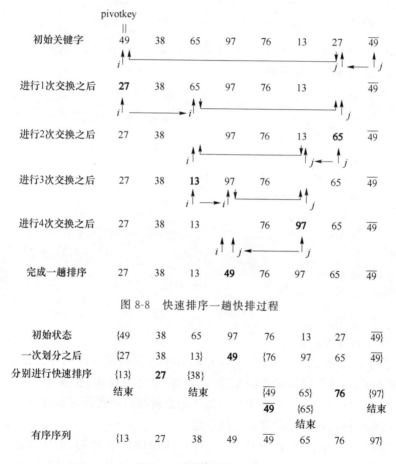

图 8-8　快速排序一趟快排过程

初始状态	{49	38	65	97	76	13	27	49}
一次划分之后	{27	38	13}	**49**	{76	97	65	49}
分别进行快速排序	{13}	**27**	{38}					
	结束		结束		{49	65}	**76**	{97}
					49	{65}		结束
						结束		
有序序列	{13	27	38	49	49	65	76	97}

图 8-9　快速排序全过程

从图示可看出,快速排序分为两个部分来完成,第一部分,分块,即将关键字按中轴元素分为两部分,一部分都比中轴元素小,另一部分都比中轴元素大。第二部分排序,分块后,块内排序,将上个算法拆分后如下。

快速排序函数如下:

```
void QuickSort(SqList &L){
    Qsort(L,1,L.length);
} // QuickSort
```

第1个被调函数是排序函数，分块之后内部排序，这个函数是递归函数，算法如下。

算法 8.7   快速排序块内排序

```
void   Qsort(SqList &L,int low,int high)
{ if(low < high){
        pivotloc = Partition(L,low,high);
        Qsort(L,low,pivotloc - 1);
        Qsort(L,pivotloc + 1,high);
    }
}   // QSort
```

第1个函数中调用分块函数，这是快速排序中最重要的函数，算法如下。

算法 8.8   快速排序分块函数

```
int   Partition(SqList &L,int low,int high)
{L.r[0] = L.r[low];    //用子表的第一记录作枢轴记录
  pivotkey = L.r[low].key;
  while(low < high){
        while(low < high && L.r[high].key >= pivotkey)  -- high;
        L.r[low] = L.r[high];            //将比 pivotkey 小的记录移到低端
        while(low < high && L.r[low].key <= pivotkey)  ++ low;
        L.r[high] = L.r[low];            //将比 pivotkey 大的记录移到高端
    }
    L.r[low] = 1.r[0];
    return low;
}
```

3. 快速排序的时间复杂度

快速排序的平均时间为 $T_{avg}(n) = kn\log_2 n$，其中 n 为待排序序列中记录的个数，k 为某个常数，经验证明，在所有同数量级的此类（先进的）排序方法中，快速排序的常数因子 k 最小。因此，就平均时间而言，快速排序目前被认为是最好的一种内部排序方法。

下面我们来分析快速排序的平均时间性能。

假设 $T(n)$ 为对 n 个记录 L.r[1..n]进行快速排序所需时间，则由算法 QuickSort 可见，$T(n) = T_{pass}(n) + T(k-1) + T(n-k)$，其中 $T_{pass}(n)$ 为对 n 个记录进行一趟快速排序 Partition(L,1,n)所需时间，从算法 8.8 可见，它和记录数 n 成正比，可以用 cn 表示之（c 为某个常数）；$T(k-1)$ 和 $T(n-k)$ 分别为对 L.r[1..k-1]和 L.r[k+1..n]中记录进行快速排序 QSort(L,1,k-1)和 QSort(L,k+1,n)所需时间。假设待排序列中的记录是随机排列的，则在一趟排序之后，k 取 1 至 n 之间任何一值的概率相同，快速排序所需时间的平均值则为

$$T_{avg}(n) = cn + \frac{1}{n} \sum_{k=1}^{n} [T_{avg}(k-1) + T_{avg}(n-k)]$$

$$= cn + \frac{2}{n} \sum_{i=0}^{n-1} T_{avg}(i)$$

假定 $T_{avg}(1) \leqslant b(b$ 为某个常量$)$，由上式可推出

$$T_{avg}(n) = \frac{n+1}{n} T_{avg}(n-1) + \frac{2n-1}{n} c$$

$$< \frac{n+1}{2} T_{avg}(1) + 2(n+1)\left(\frac{1}{2} + \frac{1}{3} + \cdots + \frac{1}{n+1}\right) c$$

$$< \left(\frac{b}{2} + 2c\right)(n+1)\ln(n+1) n \geqslant 2$$

通常，快速排序被认为是，在所有同数量级（$O(n\log_2 n)$）的排序方法中，其平均性能最好。但是，若初始记录序列按关键字有序或基本有序时，快速排序将蜕化为起泡排序，其时间复杂度为 $O(n)$。为改进之，通常依"三者取中"的法则来选取枢轴记录，即比较 L. r[s]. key、L. r[t]. key 和 L. r$\left[\left\lfloor \frac{s+t}{2} \right\rfloor\right]$. key，取三者中其关键字取中值的记录为枢轴，只要将该记录和 L. r[s]互换，算法 8.8 不变。经验证明，采用三者取中的规则可大大改善快速排序在最坏情况下的性能。然而，即使如此，也不能使快速排序在待排记录序列已按关键字有序的情况下达到 $O(n)$ 的时间复杂度。为此，可如下所述修改"一次划分"算法：在指针 high 减 1 和 low 增 1 的同时进行"冒泡"操作，即在相邻两个记录处于"逆序"时进行互换，同时在算法中附设两个布尔型变量分别指示指针 low 和 high 在从两端向中间的移动过程中是否进行过交换记录的操作，若指针 low 在从低端向中间的移动过程中没有进行交换记录的操作，则不再需要对低端子表进行排序；类似地，若指针 high 在从高端向中间的移动过程中没有进行交换记录的操作，则不再需要对高端子表进行排序。显然，如此"划分"将进一步改善快速排序的平均性能。

由以上讨论可知，从时间上看，快速排序的平均性能优于前面讨论过的各种排序方法，从空间上看，前面讨论的各种方法，都只需要一个记录的附加空间即可，但快速排序需一个栈空间来实现递归。若每一趟排序都将记录序列均匀地分割成长度相接近的两个子序列，则栈的最大深度为 $r\left[\left\lfloor \frac{s+t}{2} \right\rfloor\right]$（包括最外层参量进栈），但是，若每趟排序之后，枢轴位置均偏向子序列的一端，则为最坏情况，栈的最大深度为 n。如果改写算法 8.8，在一趟排序之后比较分割所得两部分的长度，且先对长度短的子序列中的记录进行快速排序，则栈的最大深度可降为 $O(\log_2 n)$。

因为每趟确定的元素呈指数增加，因此快速排序的时间效率为 $O(n\log_2 n)$；又因为递归要用栈（存每层 low、high 和 pivot），其空间效率为 $O(\log_2 n)$；而因为快速排序有跳跃式交换，所以属于不稳定排序。但是因为每趟可以确定不止一个元素的位置，而且呈指数增加，所以排序特别快。

4. 快速排序对最差情况的改进

为防止最差情况的出现，一般采取"三者取中"法来确定枢轴。即在第一个记录和最后一个记录，以及中间位置的记录中，选取值为中间的那个来作枢轴，这样就能防止最差情况的出现。

快速排序实质上是对冒泡排序的一种改进，它的效率与冒泡排序相比有很大的提高。在冒泡排序过程中是对相邻两个记录进行关键字比较和互换的，这样每次交换记录后，只能

改变一对逆序记录,而快速排序则从待排序记录的两端开始进行比较和交换,并逐渐向中间靠拢,每经过一次交换,有可能改变几对逆序记录,从而加快了排序速度。到目前为止快速排序是平均速度最大的一种排序方法,但当原始记录排列基本有序或基本逆序时,每一趟的基准记录有可能只将其余记录分成一部分,这样就降低了时间效率,所以快速排序适用于原始记录排列杂乱无章的情况。

快速排序是一种不稳定的排序,在递归调用时需要占据一定的存储空间用来保存每一层递归调用时的必要信息。

8.4 选择排序

选择排序(selection sort)的基本思想是:每一趟在 $n-i+l(i=1,2,\cdots,n-1)$ 个记录中选取关键字最小的记录作为有序序列中第 i 个记录,顺序存放在已排序的记录序列的后面(后插法),直至全部排完。其中最简单且为读者最熟悉的是简单选择排序(slmple selectlon sort),即直接选择排序。

8.4.1 简单选择排序

1. 简单选择排序的基本思想

简单选择排序的基本思想是:通过 $n-1$ 次排序操作,每一趟在 $n-i+1(i=1,2,3,\cdots,n-1)$ 个记录中选取关键字最小的记录作为有序序列中的第 i 个记录,并和第 $i(1\leqslant i\leqslant n)$ 个记录交换之。

它的具体实现过程为:

(1) 将整个记录序列划分为有序区域和无序区域,有序区域位于最左端,无序区域位于右端,初始状态有序区域为空,无序区域含有待排序的所有 n 个记录。

(2) 设置一个整型变量 index,用于记录在一趟的比较过程中,当前关键字值最小的记录位置。开始将它设定为当前无序区域的第一个位置,即假设这个位置的关键字最小,然后用它与无序区域中其他记录进行比较,若发现有比它的关键字还小的记录,就将 index 改为这个新的最小记录位置,随后再用 a[index]. key 与后面的记录进行比较,并根据比较结果,随时修改 index 的值,一趟结束后 index 中保留的就是本趟选择的关键字最小的记录位置。

(3) 将 index 位置的记录交换到无序区域的第一个位置,使得有序区域扩展了一个记录,而无序区域减少了一个记录。

不断重复 (2) 和(3),直到无序区域剩下一个记录为止。此时所有的记录已经按关键字从小到大的顺序排列就位。

2. 直接选择排序算法

简单选择排序的整体结构应该为:

```
for(i=1;i<n;i)
{
第 i 趟简单选择排序;
}
```

下面我们进一步分析一下"第 i 趟简单选择排序"的算法实现。

(1) 初始化:假设无序区域中的第一个记录为关键字值最小的元素,即将 index=i;

（2）搜索无序区域中关键字值最小的记录位置：

```
for (j = i + 1;j <= n;j ++)
    if (a[j].key < a.[index].ke) index = j;
```

（3）将无序区域中关键字最小的记录与无序区域的第一个记录进行交换,使得有序区域由原来的 $i-1$ 个记录扩展到 i 个记录。

算法 8.9　直接选择排序

```
void selecsort (DataType a,int n)
{
    for(i = 1;i < n;i ++)              //对 n 个记录进行 n-1 趟的简单选择排序
    {
        index = i;                     //初始化第 i 趟简单选择排序的最小记录指针

        for (j = i + 1;j <= n;j ++)    //搜索关键字最小的记录位置
            if (a[j].key < a[i].key) index = j;
        if (index! = i)
            { temp = a[i];
        a[i] = a[index];
        a[index] = temp;
            }
    }
}
```

排序过程如图 8-10 所示。

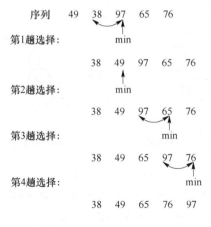

图 8-10　排序过程示例

3. 简单选择排序算法的复杂度

直接选择排序的比较次数和记录的初始顺序无关。显然,对 L. r[1..n]中记录进行简单选择排序的算法为:令 i 从 1 至 $n-1$,进行 $n-1$ 趟选择操作,如算法 8.8 所示。容易看出,简单选择排序过程中,所需进行记录移动的操作次数较少,其最小值为"0",最大值为 $3(n-1)$。然而,无论记录的初始排列如何,所需进行的关键字间的比较次数相同,均为 $n(n-1)/2$。因此,虽然移动次数较少,但比较次数仍多,总的时间复杂度也是 $O(n^2)$;没有附加单元(仅用到 1 个 temp),空间效率为 $O(1)$;属于不稳定排序。

那么,能否加以改进呢?

从上述可见,选择排序的主要操作是进行关键字间的比较,因此改进简单选择排序应从如何减少"比较"出发考虑。显然,在 n 个关键字中选出最小值,至少进行 $n-1$ 次比较,然而,继续在剩余的 $n-1$ 个关键字中选择次小值就并非一定要进行 $n-2$ 次比较,若能利用前 $n-1$ 次比较所得信息,则可减少以后各趟选择排序中所用的比较次数。

8.4.2 堆排序

1. 堆排序的基本思想

堆排序是另一种基于选择的排序方法。下面我们先介绍一下什么是堆,然后再介绍如何利用堆进行排序。

由 n 个元素组成的序列 $\{k_1,k_2,\cdots,k_{n-1},k_n\}$,当且仅当满足如下关系时:(1)$k_i \leqslant k_{2i}$ 或 $k_i \geqslant k_{2i}$ 其中 $i=1,2,3,\cdots,n/2$;(2)$k_i \leqslant k_{2i}+1$ $k_i \geqslant k_{2i}+1$,称为堆。

例如,序列(47,35,27,26,18,7,13,19)满足:

$$k_1 \geqslant k_2 \ k_2 \geqslant k_4 \ k_3 \geqslant k_6 \ k_4 \geqslant k_8$$
$$k_1 \geqslant k_3 \ k_2 \geqslant k_5 \ k_3 \geqslant k_7$$

即对任意 $k_i(i=1,2,3,4)$ 有:$k_i \geqslant k_{2i} k_i \geqslant k_{2i}+1$,所以这个序列就是一个堆。

若将和此序列对应的一维数组(即以一维数组作此序列的存储结构)看成是一个完全二叉树,则堆的含义表明,完全二叉树中所有非终端结点的值均不大于(或不小于)其左、右孩子结点的值。由此,若序列 $\{k_1,k_2,\cdots,k_n\}$ 是堆,则堆顶元素(或完全二叉树的根)必为序列中 n 个元素的最小值(或最大值)。例如,下列两个序列为堆,$\{96,83,27,38,11,09\}$ 和 $\{12,36,24,85,47,30,53,91\}$ 对应的完全二叉树如图 8-11 所示。

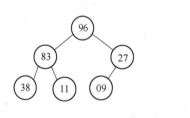
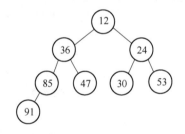

(a) 堆顶元素（根节点）取最大值   (b) 堆顶元素（根节点）取最小值

图 8-11　堆的示例

下面我们讨论一下如何利用堆进行排序:从堆的定义可以看出,若将堆用一棵完全二叉树表示,则根结点是当前堆中所有结点的最小者(或最大者)。堆排序的基本思想是:首先将待排序的记录序列构造一个堆,此时,选出了堆中所有记录的最小者或最大者,然后将它从堆中移走,并将剩余的记录再调整成堆,这样又找出了次小(或次大)的记录,依此类推,直到堆中只有一个记录为止,每个记录出堆的顺序就是一个有序序列。

2. 堆排序的基本问题

既然堆顶元素(关键字)是最小元素,那么它是排序序列的最小元素,输出后,将其他元素再调整成堆,新的堆顶元素是排序序列的第二个元素。如此下去,通过堆,可将一个无序序列变为一个有序序列。因此,堆排序的基本问题是:

（1）如何由一个无序序列建成一个堆？

（2）如何在输出堆顶元素之后，调整剩余元素成为一个新的堆？

堆排序过程如图 8-12 所示。

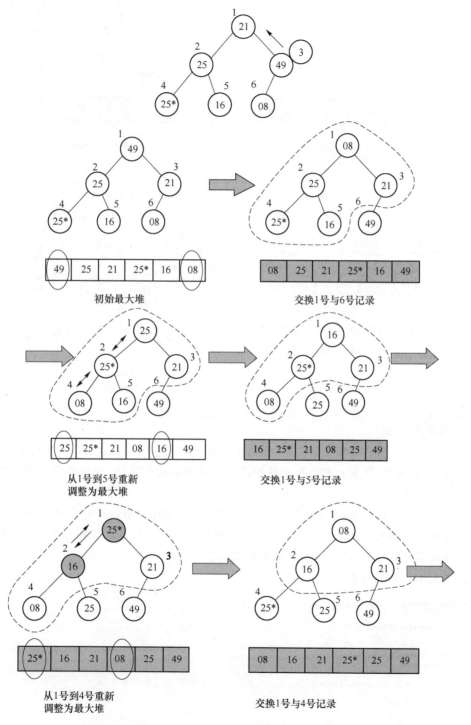

图 8-12　堆排序过程

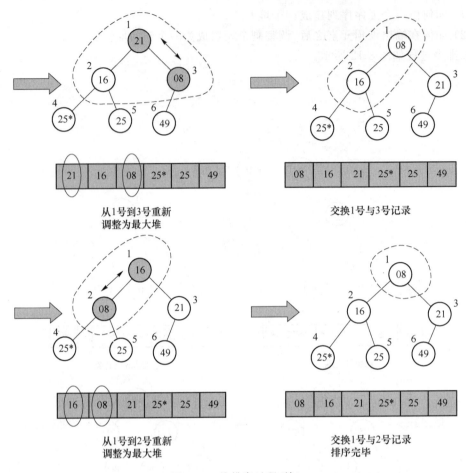

从1号到3号重新
调整为最大堆

交换1号与3号记录

从1号到2号重新
调整为最大堆

交换1号与2号记录
排序完毕

图 8-12　堆排序过程（续）

3. 堆排序算法

　　将最后一个元素和堆顶元素交换（相当于将堆顶元素输出）后，这时，从堆顶到倒数第二元素，除堆顶元素外，其余元素均符合堆的定义。下面采用筛选法，把包括堆顶元素在内的所有元素调成堆。

　　从代码中也可以看出，整个排序过程分为两个 for 循环。第一个循环要完成的就是将现在的待排序序列构建成一个大顶堆。第二个循环要完成的就是逐步将每个最大值的根结点与末尾元素交换，并且再调整其成为大顶堆。

算法 8.10　堆排序算法

```
/*对顺序表 L 进行堆排序 */
void HeapSort(SqList * L)
{
    int i;
    for(i=L->length/2;i>0;i--) /* 把 L 中的 r 构建成一个大根堆 */
        HeapAdjust(L,i,L->length);

    for(i=L->length;i>1;i--)
```

```
    {
        int temp = L -> r[i];
        L -> r[i] = L -> r[j];
        L -> r[j] = temp;                /* 将堆顶记录和当前未经排序子序列的最后一个记录交换 */
            HeapAdjust(L,1,i-1);         /* 将 L -> r[1..i-1]重新调整为大根堆 */
    }
}
```

我们所谓的将待排序的序列构建成为一个大顶堆,其实就是从下往上,从右到左,将每个非终端结点(非叶结点)当作根结点,将其和其子树调整成大顶堆,下面的算法即调整大顶堆的算法。

算法 8.11 建立大根堆

```
/* 已知 L -> r[s..m]中记录的关键字除 L -> r[s]之外均满足堆的定义, */
/* 本函数调整 L -> r[s]的关键字,使 L -> r[s..m]成为一个大顶堆 */
void HeapAdjust(SqList * L,int s,int m)
{
    int temp,j;
    temp = L -> r[s];
    for(j = 2 * s;j <= m;j * = 2)         /* 沿关键字较大的孩子结点向下筛选 */
    {
        if(j < m && L -> r[j] < L -> r[j+1])
            ++ j;                         /* j 为关键字中较大的记录的下标 */
        if(temp >= L -> r[j])
            break;                        /* rc 应插入在位置 s 上 */
        L -> r[s] = L -> r[j];
        s = j;
    }
    L -> r[s] = temp;                     /* 插入 */
}
```

4. 堆排序算法分析

堆排序方法对记录数较少的文件并不值得提倡,但对 n 较大的文件还是很有效的。因为其运行时间主要耗费在建初始堆和调整建新堆时进行的反复"筛选"上。对深度为 k 的堆,筛选算法中进行的关键字比较次数至多为 $2(k-1)$ 次,则在建含 n 个元素、深度为 h 的堆时,总共进行的关键字比较次数不超过 $4n$。n 个结点的完全二叉树的深度为 $\lfloor \log_2 n \rfloor + 1$,则调整建新堆时调用 HeapAdjust 过程 $n-1$ 次,总共进行的比较次数不超过下式之值:

$$2(\lfloor \log_2(n-1) \rfloor + \lfloor \log_2(n-2) \rfloor + \cdots + \log_2 2) < 2n(\lfloor \log_2 n \rfloor)$$

由此,堆排序因为整个排序过程中需要调用 $n-1$ 次堆顶点的调整,而每次堆排序算法本身耗时为 $\log_2 n$,其时间复杂度也为 $O(n\log_2 n)$,属于最坏的情形;堆排序对小文件效果不明显,但对大文件有效,相对于快速排序来说,这是堆排序最大的优点。此外,堆排序仅在第二个 for 循环中交换记录时用到一个临时变量 temp,其空间效率为 $O(1)$。

堆排序中,除建初堆以外,其余调整堆的过程最多需要比较树深度的 $n+1$ 次,因此与简单选择排序相比时间效率提高了很多;另外,不管原始记录如何排列,堆排序的比较次数变化不大,所以说堆排序对原始记录的排列状态并不敏感。

在堆排序算法中只需要一个暂存被筛选记录内容的单元和两个简单变量 h 和 i,所以堆排序是一种速度快且省空间的排序方法。堆排序是一种不稳定的排序方法。

8.5 归并排序

归并排序(merging sort)就是利用归并的思想实现的排序方法。它的原理是假设初始序列含有 n 个记录,则可以看成是 n 个有序的子序列,每个子序列的长度为 1,然后两两归并,得到 $\lceil n/2 \rceil$($\lceil x \rceil$ 表示不小于 x 的最小整数)个长度为 2 或 1 的有序子序列;再两两归并……如此重复,直至得到一个长度为 n 的有序序列为止,这种排序方法称为 2-路归并排序。

8.5.1 2-路归并排序

归并排序主要是 2-路归并排序。通常,我们将两个有序段合并成一个有序段的过程称为 2-路归并。

2-路归并排序:可以把一个长度为 n 的无序序列看成是 n 个长度为 1 的有序子序列,首先做两两归并,得到 $\lceil n/2 \rceil$ 个长度为 2 或 1 的有序子序列;再做两两归并……如此重复,直到最后得到一个长度为 n 的有序序列。例如图 8-13 为 2-路归并排序的一个例子。

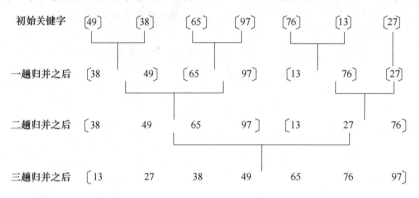

图 8-13   2-路归并排序示例

1. 2-路归并算法

2-路归并排序中的核心操作是将一维数组中前后相邻的两个有序序列归并为一个有序序列,其算法如下。

假设记录序列被存储在一维数组 a 中,且 $a[s] \sim a[m]$ 和 $a[m+1] \sim a[t]$ 已经分别有序,现将它们合并为一个有序段,并存入数组 a_1 中的 $a_1[s] \sim a_1[t]$。

合并过程如下:

(1) 设置三个整型变量 k、i、j,用来分别指向 $a_1[s...t]$ 中当前应该放置新记录的位置、$a[s] \sim a[m]$ 和 $a[m+1] \sim a[t]$ 中当前正在处理的记录位置。初始值应该为:

```
       i = s; j = m + 1; k = s;
```

（2）比较两个有序段中当前记录的关键字,将关键字较小的记录放置 $a_1[k]$,并修改该记录所属有序段的指针及 a_1 中的指针 k。重复执行此过程直到其中的一个有序段内容全部移至 a_1 中为止,此时需要将另一个有序段中的所有剩余记录移至 a_1 中。其算法实现如下：

```
    while (i < = m && j < = t)
    { if (a[i].key < = a[j].key) a1[k++] = a[i++];
    else a1[k++] = a[j++];
    }
    if (i < = m) while (i < = m) a1[k++] = a[i++];
    else while (j < = t) a1[k++] = a[j++];
```

算法 8.12   2-路归并排序算法

```
    void merge (DataType a, DataType a1, int s, int m, int t)
    {
//a[s]~[m]和 a[m+1]~a[t]已经分别有序,将它们归并至 a1[s]~a1[t]中
    k = s; i = s; j = m + 1;
    while(i < = m && j < = t)
    { if (a[i].key < = a[j].key) a1[k++] = a[i++];
    else a1[k++] = a[j++];
    }
    if (i < = m) //将剩余记录复制到数组 a1 中
    while (i < = m) a1[k++] = a[i++];
    if (j < = t)
    while (j < = t) a1[k++] = a[j++];
    }
```

2. 归并排序的递归算法

归并排序方法可以用递归的形式描述,即首先将待排序的记录序列分为左右两个部分,并分别将这两个部分用归并方法进行排序,然后调用 2-路归并算法,再将这两个有序段合并成一个含有全部记录的有序段。

算法 8.13   归并排序递归算法

```
void MergeSort(SqList * L)
{
    MSort(L -> r, L -> r, 1, L -> length);
}


void MSort(int SR[], int TR1[], int s, int t)
{
```

```
     int m;
  int TR2[MAXSIZE + 1];
  if(s == t)
      TR1[s] = SR[s];
  else
  {
      m = (s + t)/2;            /* 将 SR[s..t]平分为 SR[s..m]和 SR[m+1..t] */
      MSort(SR,TR2,s,m);        /* 递归地将 SR[s..m]归并为有序的 TR2[s..m] */
      MSort(SR,TR2,m+1,t);      /* 递归地将 SR[m+1..t]归并为有序的 TR2[m+1..t] */
      Merge(TR2,TR1,s,m,t);     /* 将 TR2[s..m]和 TR2[m+1..t]归并到 TR1[s..t] */
  }
}
```

8.5.2　2-路归并排序的时间复杂度

归并排序的空间复杂度就是临时的数组和递归时压入栈的数据占用的空间：$n + \log_2 n$，所以空间复杂度为：$O(n)$，其时间复杂度为 $O(n\log_2 n)$。

与快速排序和堆排序相比，归并排序的最大特点是，它是一种稳定的排序方法。但在一般情况下，很少利用 2-路归并排序法进行内部排序。

2-路归并排序的递归算法从程序的书写形式上看比较简单，但是在算法执行时，需要占用较多的辅助存储空间，即除了在递归调用时需要保存一些必要的信息，在归并过程中还需要与存放原始记录序列同样数量的存储空间，以便存放归并结果，但与快速排序及堆排序相比，它是一种稳定的排序方法。

8.6　内部排序方法的比较和选择

事实上，目前还没有十全十美的排序算法，有优点就会有缺点，即使是快速排序法，也只是在整体性能上优越，它也存在排序不稳定、需要大量辅助空间、对少量数据排序无优势等不足。因此我们来从多个角度来剖析一下提到的各种排序的长与短。将多种算法的各种指标进行对比，如表 8-1 所示。

表 8-1　排序算法比较

排序方法	平均情况	最好情况	最坏情况	辅助空间	稳定性
冒泡排序	$O(n^2)$	$O(n)$	$O(n^2)$	$O(1)$	稳定
简单选择排序	$O(n^2)$	$O(n^2)$	$O(n^2)$	$O(1)$	稳定
直接插入排序	$O(n^2)$	$O(n)$	$O(n^2)$	$O(1)$	稳定
希尔排序	$O(n\log_2 n) \sim O(n^2)$	$O(n^{13})$	$O(n^2)$	$O(1)$	不稳定
堆排序	$O(n\log_2 n)$	$O(n\log_2 n)$	$O(n\log_2 n)$	$O(1)$	不稳定
归并排序	$O(n\log_2 n)$	$O(n\log_2 n)$	$O(n\log_2 n)$	$O(n)$	稳定
快速排序	$O(n\log_2 n)$	$O(n\log_2 n)$	$O(n^2)$	$O(\log_2 n) \sim O(n)$	不稳定

从算法的简单性来看,我们将七种算法分为两类:

(1) 简单算法:冒泡、简单选择、直接插入。

(2) 改进算法:希尔、堆、归并、快速。

从平均情况来看,显然后三种改进算法要胜过希尔排序,并远远胜过前三种简单算法。

从最好情况看,冒泡和直接插入排序要更胜一筹,也就是说,如果待排序序列总是基本有序,反而不应该考虑四种复杂的改进算法。

从最坏情况看,堆排序与归并排序又强过快速排序以及其他简单排序。

从空间复杂度来说,归并排序强调要马跑得快,就得给马吃个饱。快速排序也有相应的空间要求,反而堆排序等却都是少量索取,大量付出,对空间要求是 $O(1)$。如果执行算法的软件所处的环境非常在乎内存使用量的多少时,选择归并排序和快速排序就不是一个较好的决策了。

从稳定性来看,归并排序独占鳌头,我们前面也说过,对于非常在乎排序稳定性的应用中,归并排序是个好算法。

从待排序记录的个数上来说,待排序的个数 n 越小,采用简单排序方法越合适。反之,n 越大,采用改进排序方法越合适。这也就是我们为什么对快速排序优化时,增加了一个阈值,低于阈值时换作直接插入排序的原因。

综上所述,在本章讨论的所有排序方法中,没有哪一种是绝对最优的。有的适用于 n 较大的情况,有的适用于 n 较小的情况,有的……因此,在实用时需根据不同情况适当选用,甚至可将多种方法结合起来使用。

本 章 小 结

排序是数据处理中经常运用的一种重要运算。首先,我们介绍了排序的概念和有关知识。接着对插入排序、交换排序、选择排序、归并排序和分配排序五类内部排序方法进行了讨论,分别介绍了各种排序方法的基本思想,排序过程和实现算法,简要地分析了各种算法的时间复杂度和空间复杂度,在对比各种排序方法的基础上,提出供读者选择的参考建议。最后,对外部排序作了简单介绍。

由于排序在计算机应用中所处的重要地位,建议读者深刻理解各种内部排序法的基本思想和特点,熟悉内部排序法的排序过程,记住各种算法的时间复杂度分析结果及其分析方法,以便在实际应用中,根据实际问题的要求,选用合适的排序方法。

练 习 题

一、填空题

1. 若待排序的序列中存在多个记录具有相同的键值,经过排序,这些记录的相对次序仍然保持不变,则称这种排序方法是_____的,否则称为_____的。

2. 按照排序过程涉及的存储设备的不同,排序可分为_____排序和_____排序。

3. 按排序过程中依据的不同原则对内部排序方法进行分类,主要有_____、_____、_____、_____四类。

4.在排序算法中,分析算法的时间复杂性时,通常以_____和_____为标准操作。评价排序的另一个主要标准是执行算法所需要的_____。

5.常用的插入排序方法有_____插入排序、_____插入排序、_____插入排序和_____插入排序。

6.直接插入排序是稳定的,它的时间复杂度为_____,空间复杂度为_____。

7.对于 n 个记录的集合进行冒泡排序,其最坏情况下所需的时间复杂度是_____。

8.归并排序要求待排序列由若干个_____的子序列组成。

9.设表中元素的初始状态是按键值递增的,分别用堆排序、快速排序、冒泡排序和归并排序方法对其仍按递增顺序进行排序,则_____最省时间,_____最费时间。

10.分别采用堆排序、快速排序、插入排序和归并排序算法对初始状态为递增序列的表按递增顺序进行排序,最省时间的是_____算法,最费时间的是_____算法。

二、单项选择

1.以下说法错误的是（　　）。

A. 直接插入排序的空间复杂度为 $O(1)$

B. 快速排序附加存储开销为 $O(\log_2 n)$

C. 堆排序的空间复杂度为 $O(n)$

D. 2-路归并排序的空间复杂度为 $O(n)$,需要附加两倍的存储开销

2.以下不稳定的排序方法是（　　）。

A. 直接插入排序　　B. 冒泡排序　　　C. 直接选择排序　　D. 2-路归并排序

3.在文件局部有序或文件长度较小的情况下,最佳的排序方法是（　　）。

A. 直接插入排序　　B. 冒泡排序　　　C. 直接选择排序　　D. 归并排序

4.对于大文件的排序要研究在外设上的排序技术,即（　　）。

A. 快速排序法　　　B. 内排序法　　　C. 外排序法　　　D. 交叉排序法

5.排序的目的是为了以后对已排序的数据元素进行（　　）操作。

A. 打印输出　　　　B. 分类　　　　　C. 合并　　　　　D. 查找

6.当初始序列已按键值有序时,用直接插入算法进行排序,需要比较的次数为（　　）。

A. $n-1$　　　　　B. $\log_2 n$　　　　C. $2\log_2 n$　　　　D. n^2

7.具有 24 个记录的序列,采用冒泡排序至少的比较次数是（　　）。

A. 1　　　　　　　B. 23　　　　　　C. 24　　　　　　D. 529

8.在排序过程中,键值比较的次数与初始序列的排列顺序无关的是（　　）。

A. 直接插入排序和快速排序　　　　　B. 直接插入排序和归并排序

C. 直接选择排序和归并排序　　　　　D. 快速排序和归并排序

9.（　　）方法是对序列中的元素通过适当的位置交换将有关元素一次性地放置在其最终位置上。

A. 归并排序　　　　B. 插入排序　　　C. 快速排序　　　D. 选择排序

10.将上万个一组无序并且互不相等的正整数序列,存放于顺序存储结构中,采用（　　）方法能够最快地找出其中最大的正整数。

A. 快速排序　　　　B. 插入排序　　　C. 选择排序　　　D. 归并排序

11.一般情况下,以下四种排序方法中,平均查找长度最小的是（　　）。

A. 归并排序　　　　B. 快速排序　　　C. 选择排序　　　D. 插入排序

12. 以下四种排序方法中,要求附加的内存容量最大的是(　　)。

A. 插入排序　　　　B. 选择排序　　　　C. 快速排序　　　　D. 归并排序

13. 已知一个链表中有 3 000 个结点,每个结点存放一个整数,(　　)可用于解决这 3 000个整数的排序问题且不需要对算法进行大的变动。

A. 直接插入排序法　　　　　　　B. 简单选择排序方法

C. 快速排序方法　　　　　　　　D. 堆排序方法

14. 若用冒泡排序法对序列(18,14,6,27,8,12,16,52,10,26,47,29,41,24)从小到大进行排序,共要进行(　　)次比较。

A. 33　　　　　　　B. 45　　　　　　　C. 70　　　　　　　D. 91

15. 对一个由 n 个整数组成的序列,借助排序过程找出其中的最大值,希望比较次数和移动次数最少,应选用(　　)方法。

A. 归并排序　　　　　　　　　　B. 直接插入排序

C. 直接选择排序　　　　　　　　D. 快速排序

三、简答与应用

1. 对于给定的一组键值:83,40,63,13,84,35,96,57,39,79,61,15,分别画出应用直接插入排序、直接选择排序、快速排序、堆排序、归并排序对上述序列进行排序中各趟的结果。

2. 举例说明本章介绍的各排序方法中哪些是不稳定的?

3. 判断下列两序列是否为堆? 如果不是,按照建堆的思想把它调整为堆,并用图表示建堆的过程。

(1)(3,10,12,22,36,18,28,40);

(2)(5,8,11,15,23,20,32,7)。

4. 对于下列一组关键字 46,58,15,45,90,18,10,62,试写出快速排序每一趟的排序结果,并标出每一趟中各元素的移动方向。

5. 已知数据序列为(12,5,9,20,6,31,24),对该数据序列进行排序,试写出插入排序和冒泡排序每趟的结果。

四、算法设计

1. 插入排序中找插入位置的操作可以通过二分法查找的方法来实现。试据此写一个改进后的插入排序方法。

2. 一个线性表中的元素为正整数或负整数。设计一个算法,将正整数和负整数分开,使线性表前一半为负整数,后一半为正整数。不要求对这些元素排序,但要求尽量减少交换次数。

3. 已知 $(k_1,k_2,\cdots,k_n)$ 是堆,试写一个算法将 $(k_1,k_2,\cdots,k_n,k_{n+1})$ 调整为堆。按此思想写一个从空堆开始一个一个填入元素的建堆算法(提示:增加一个 k_{n+1} 后应从叶子向根的方向调整)。

4. 设计一个用链表表示的直接插入排序算法。

第9章 查 找

学习目标

在日常生活中,人们几乎每天都要进行"查找"工作。例如,在电话号码簿中查阅"某单位"或"某人"的电话号码;在字典中查阅"某个词"的读音和含义等。其中"电话号码簿"和"字典"都可视作是一张查找表。

在各种系统软件或应用软件中,查找表也是一种最常见的结构之一,如编译程序中的符号表、信息处理系统中的信息表等。

本章讨论的问题是:面对数据查找这样的操作,我们如何存储数据和如何进行查找,各自的效率是什么。查找是许多计算机软件中非常消耗时间的一部分,因而一个查找方法的效率格外重要。

知识要点

(1) 掌握顺序查找、二分查找的方法。

(2) 掌握二叉排序树的插入、删除算法。

(3) 理解平衡二叉树平衡化方法。

(4) 熟悉 B 树和 B＋树的概念。

(5) 掌握散列函数处理冲突的方法。

9.1 查找基本概念

查找,又称查询、检索,是在大量的数据中获得我们需要的、满足特定条件的信息或数据。在本书中,查找是指在一组数据集合中找关键字等于给定值的某个元素或记录。

1. 查找表

查找表(search table)是由同一类型的数据元素(或记录)构成的集合。因此,它是一种以集合为逻辑结构、以查找为核心的数据结构。

由于集合中的数据元素之间是没有"关系"的,因此查找表的实现就不受"关系"的约束,而是根据实际应用对查找的具体要求去组织查找表,以便实现高效率的查找。

对查找表经常进行的操作有:①查询某个"特定的"数据元素是否在查找表中;②检索某个"特定的"数据元素的各种属性;③在查找表中插入一个数据元素;④从查找表中删去某个数据元素。

若对查找只进行前两种统称为"查找"的操作,则称此类查找表为静态查找表(static search table)。若在查找过程中同时插入查找表中不存在的数据元素,或者从查找表中删除已存在的某个数据元素,则称此类表为动态查找表(dynamic search table)。

2. 关键字

关键字是数据元素(或记录)中某个数据项的值,用它可以标识一个数据元素(或记录)。能唯一确定一个数据元素(或记录)的关键字称为主关键字(primary key);而不能唯一确定一个数据元素(或记录)的关键字,称为次关键字(secondary key)。

例如,在学生信息查找表中,"学号"可看成学生的主关键字,"姓名"则应视为次关键字。

3. 查找

查找是指在含有 n 个元素的查找表中,找出关键字等于给定值 k 的数据元素(或记录)。

当要查找的关键字是主关键字时,查找结果是唯一的,一旦找到,称为查找成功,否则称为查找失败。当要查找的关键字是次关键字时,查找结果不唯一,此时需要查遍整个表,或在可以肯定查找失败时,才能结束查找过程。

4. 平均查找长度

查找运算的主要操作是关键字的比较,所以通常把查找过程中对关键字的比较次数的平均值作为衡量一个查找算法效率优劣的标准,称为平均查找长度(Average Search Length),通常用 ASL 表示。

对一个含有 n 个数据元素的查找表,查找成功时:

$$ASL = \sum_{i=1}^{n} p_i c_i \tag{9-1}$$

其中,n 是结点的个数;c_i 是查找第 i 个数据元素所需要的比较次数;p_i 是查找第 i 个数据元素的概率,且 $\sum_{i=1}^{n} p_i = 1$,在以后的章节中,若不特别声明,均认为对每个数据元素的查找概率是相等的,即 $p_i = 1/n$。

5. 数据元素的类型定义

在本章讨论中所涉及的数据元素类型及关键码类型定义如下:

```
Typedef   struct
{    keytype key;           //关键码字段
     …                      //其他信息
}datatype;
```

9.2　静态查找

静态查找表的数据对象是具有相同特性的数据元素的集合。各个数据元素均含有类型相同,可唯一标识数据元素的关键字。

静态查找的基本操作包括:

(1) Create(&ST,n):构造一个含 n 个数据元素的静态查找表 ST。

(2) Destroy(&ST):销毁表 ST。

(3) Search(ST,key):若 ST 中存在其关键字等于 key 的数据元素,则函数值为该元素的值或在表中的位置,否则为"空"。

（4）Traverse(ST,visit())：按某种次序对 ST 的每个数据元素调用函数 visit() 一次且仅一次。一旦 visit 失败，则操作失败。

静态查找表可以有不同的表示方法，在不同的表示方法中，实现查找操作的方法也不同。

9.2.1 顺序查找

以顺序表或线性链表表示静态查找表，则 Search 函数可用顺序查找来实现。本节中只讨论它在顺序存储结构模块中的实现。

```
//---- 静态查找表的顺序存储结构----
Typedef struct {
    ElemType * elem;   //数据元素存储空间基址,建表时按实际长度分配,0号单元留空
    int   length;      //表长度
}SSTable;
```

下面讨论顺序查找的实现。

顺序查找(sequential search)的查找过程为：从表中最后一个记录开始，逐个进行记录的关键字和给定值的比较，若某个记录的关键字和给定值比较相等，则查找成功，找到所查记录；反之，若直至第一个记录，其关键字和给定值比较都不等，则表明表中没有所查记录，查找不成功。此查找过程可用算法 9.1 描述。

算法 9.1 顺序查找

```
int Search_Seq(SSTable ST,KeyType key)
{
    ST.elme[0].key = key;                        //"哨兵"
    for(i = ST.length; ! EQ(ST.elem[i].key,key); -- i);   //从后往前找
    return i;                                    //找不到时,i 为 0
}// Search_Seq
```

该算法在查找之前先对 ST.elme[0] 的关键字赋值 key，目的在于免去查找过程中每一步都要检测整个表是否查找完毕。因此，ST.elme[0] 起到了监视哨的作用。这种设置监视哨的改进算法能使顺序查找在 ST.length$\geqslant$1000 时，进行一次查找所需平均时间几乎减少一半。

查找算法中的基本操作是将记录的关键字和给定值进行比较，通常以"其关键字和给定值进行过比较的记录个数的平均值"作为衡量依据。对于 n 个数据元素的查找表，若给定值 k 与表中第 i 个元素关键码相等，即定位第 i 个记录时，需进行 $n-i+1$ 次关键码比较，即 $c_i=n-i+1$。故成功的平均查找长度为

$$ASL = \sum_{i=1}^{n} p_i(n-i+1) \tag{9-2}$$

等概率情况下，$p_i=1/n(1\leqslant i\leqslant n)$，则 $ASL=(n+\cdots+2+1)/n=(n+1)/2$。即查找成功时的平均比较次数约为表长的一半。

若 k 值不在表中，则须进行 $n+1$ 次比较之后才能确定查找失败。

有时,表中各个记录的查找概率并不相等。例如,将全校学生的病历档案建立一张表放在计算机中,则体弱多病同学的病历记录的查找概率必定高于健康同学的病历记录。

因此,为了提高查找效率,查找表中的数据存放需依据查找概率越高,其比较次数越少,查找概率越低,比较次数就较多的原则。

顺序查找的优点:算法简单,且对表的结构无任何要求,无论是用数组还是用链表来存放结点,也无论结点之间是否按关键字有序,它都同样适用。

顺序查找的缺点:查找效率低,因此当 n 较大时不宜采用顺序查找。

9.2.2 二分查找

二分查找的查找过程是:在有序表中,取中间元素作为比较对象,若给定值与中间元素的关键字相等,则查找成功;若给定值小于中间元素的关键字,则在中间元素的左半区继续查找;若给定值大于中间元素的关键字,则在中间元素的右半区继续查找。不断重复上述查找过程,直到查找成功,或所查找的区域无数据元素,查找失败。

例如,已知如下 11 个数据元素的有序表(关键字即为数据元素的值):

$$(05, 13, 19, 21, 37, 56, 64, 75, 80, 88, 92)$$

现要查找关键字为 21 和 85 的数据元素。

假设指针 low 和 high 分别指示待查元素所在范围的下界和上界,指针 mid 指示区间的中间位置,即 $mid=\lfloor(low+high)/2\rfloor$。在此例中,low 和 high 的初值分别为 1 和 11,即[1, 11]为待查范围。

下面先看给定值 key=21 的查找过程:

```
05, 13, 19, 21, 37, 56, 64, 75, 80, 88, 92
↑low              ↑mid                  ↑high
```

首先令查找范围中间位置的数据元素的关键字 ST.elem[mid].key 与给定值 key 相比较,因为 ST.elem[mid].key>key,说明待查元素若在,必在区间[low,mid-1]的范围内,则令指针 high 指向第 mid-1 个元素,重新求得 mid=$\lfloor(1+5)/2\rfloor$=3。

```
05, 13,  19, 21, 37, 56, 64, 75, 80, 88, 92
    ↑low    ↑mid  ↑high
```

仍以 ST.elem[mid].key 和 key 相比,因为 STeboST.elem[mid].key<key,说明待查元素若存在,必在[mid+1,high]范围内。则令指针 low 指向第 mid+1 个元素,求得 mid 的新值为 4,比较 ST.elem[mid].key 和 key,因为相等,则查找成功,所查元素在表中序号等于指针 mid 的值。

```
05,  13,  19,  21,  37,  56,  64,  75,  80,  88,  92
                ↑low↑high
                ↑mid
```

再看 key=85 的查找过程:

```
05,  13,  19,  21,  37,  56,  64,  75,  80,  88,  92
     ↑low                    ↑mid                ↑high
```

ST.elem[mid].key<key 令 low=mid+1

　　　　　　　05，13，19，21，37，56，64，75，80，88，92

　　　　　　　　　　　　　　　　　　　↑low　　　　↑mid　　　↑high

ST. elem[mid].key＜key 令 low＝mid＋1

　　　　　　　05，13，19，21，37，56，64，75，80，88，92

　　　　　　　　　　　　　　　　　　　　　　↑low↑high

　　　　　　　　　　　　　　　　　　　　　　↑mid

ST. elem[mid].key＞key 令 high＝mid－1

　　　　　　　05，13，19，21，37，56，64，75，80，88，92

　　　　　　　　　　　　　　　　　　　　　　↑high↑low

此时因为下界 low＞上界 high，则说明表中没有关键字等于 key 的元素，查找不成功。

　　二分查找的算法如下。

算法 9.2　二分查找

```
int Search_Bin (SSTable ST,KeyType key )
{
  low = 1;   high = ST.length;     //置区间初值
  while (low <= high) {
    mid = (low + high) / 2;
    if (EQ (key ,ST.elem[mid].key) )
      return mid;               // 找到待查元素
    else   if (LT (key ,ST.elem[mid].key) )
      high = mid - 1;           //继续在前半区间进行查找
    else   low = mid + 1;       // 继续在后半区间进行查找
  }
  return 0;                     // 顺序表中不存在待查元素
} // Search_Bin
```

　　先看上述 11 个元素的表的具体例子。从上述查找过程可知：找到第⑥个元素仅需比较 1 次；找到第③和第⑨个元素需比较 2 次；找到第①、④、⑦和⑩个元素需比较 3 次；找到第②、⑤、⑧和⑪个元素需比较 4 次。

　　这个查找过程可用图 9-1 所示的二叉树来描述。树中每个结点表示表中一个记录，结点中的值为该记录在表中的位置，通常称这个描述查找过程的二叉树为判定树。从判定树上可见，查找 21 的过程恰好是走了一条从根到结点④的路径，和给定值进行比较的关键字个数为该路径上的结点数或结点④在判定树上的层次数。类似地，找到有序表中任一记录的过程就是走了一条从根结点到与该记录相应的结点的路径，和给定值进行比较的关键字个数为该结点在判定树上的层次数。因此，二分查找法在查找成功时进行比较的关键字个数最多不超过树的深度，而具有 n 个结点的判定树的深度为 $\lfloor \log_2 n \rfloor + 1$，所以以二分查找法在查找成功时和结定值进行比较的关键字个数至多为 $\lfloor \log_2 n \rfloor + 1$。

　　那么，二分查找的平均查找长度是多少呢？一般情况下，

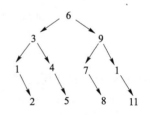

图 9-1　二分查找过程

表长为 n 的二分查找的判定树的深度和含有 n 个结点的完全二叉树的深度相同。

假设 $n=2^h-1$ 并且查找概率相等,则查找成功时二分查找的平均查找长度为

$$\text{ASL}_{hs} = \frac{1}{n}\sum_{i=1}^{n}C_i = \frac{1}{n}\left[\sum_{j=1}^{h}j\times 2^{j-1}\right] = \frac{n+1}{n}\log_2(n+1)-1 \tag{9-3}$$

在 $n>50$ 时,可得近似结果

$$\text{ASL}_{hs}\approx\log_2(n+1)-1 \tag{9-4}$$

所以二分查找的平均时间复杂度为 $O(\log_2 n)$。二分查找在查找不成功时的关键字比较次数不超过 $\lfloor \log_2 n \rfloor +1$。

折半查找的效率比顺序查找高,但它只适用于有序表,且限于顺序存储结构,对线性链表通常不能进行折半查找。

9.2.3　索引查找

索引顺序表是顺序查找的一种改进算法,又叫分块查找。在此查找法中,除表本身以外,尚需建立一个"索引表"。例如,图 9-2 所示为一个表及其索引表,表中含有 18 个记录,可分成三个子表 $(R_1, R_2, \cdots, R_6)$、$(R_7, R_8, \cdots, R_{12})$、$(R_{13}, R_{14}, \cdots, R_{18})$,对每个子表(或称块)建立一个索引项,其中包括两项内容:关键字项(其值为该子表内的最大关键字)和指针项(指示该子表的第一个记录在表中的位置)。索引表按关键字有序,则表或者有序或者分块有序。所谓"分块有序"指的是第二个子表中所有记录的关键字均大于第一个子表中的最大关键字,第三个子表中的所有关键字均大于第二个子表中的最大关键字……依此类推。

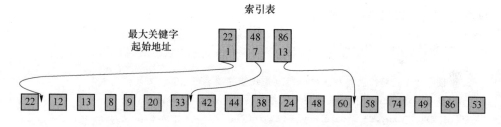

图 9-2　表及其索引表

因此,索引查找过程需分两步进行。先确定待查记录所在的块(子表),然后在块中顺序查找。假设给定值 key=38,则先将 key 依次和索引表中各最大关键字进行比较,因为 22<key<48,则关键字为 38 的记录若存在,必定在第二个子表中,由于同一索引项中的指针指示第二个子表中的第一个记录是表中第 7 个记录,则自第 7 个记录起进行顺序查找,直到 ST.elem[10].key=key 为止。假如此子表中没有关键字等于 key 的记录(例如,key=29 时自第 7 个记录起至第 12 个记录的关键字和 key 比较都不等),则查找不成功。由于由索引项组成的索引表按关键字有序,则确定块的查找可以用顺序查找,亦可用折半查找,而块中记录是任意排列的,则在块中只能是顺序查找。

分块查找的平均查找长度为

$$\text{ASL}_{bs}=L_b+L_w \tag{9-5}$$

其中,L_b 为查找索引表确定所在块的平均查找长度,L_w 为在块中查找元素的平均查找长度。

9.3 动态查找

动态查找表的特点是：表结构本身是在查找过程中动态生成的，即对于给定值 key，若表中存在其关键字等于 key 的记录，则查找成功返回，否则插入关键字等于 key 的记录。

9.3.1 二叉排序树

二叉排序树(binary sort tree)或者是一棵空树，或者是具有下列性质的二叉树：

(1) 若它的左子树不空，则左子树上所有结点的值均小于它的根结点的值；

(2) 若它的右子树不空，则右子树上所有结点的值均大于它的根结点的值；

(3) 它的左、右子树也分别为二叉排序树。

例如，图 9-3 所示为二叉排序树。

二叉排序树的查找过程为：当二叉排序树不空时，首先将给定值和根结点的关键字比较，若相等，则查找成功，否则将依据给定值和根结点的关键字之间的大小关系，分别在左子树或右子树上继续进行查找。

通常，可取二叉链表作为二叉排序树的存储结构，则上述查找过程如算法 9.3(a)所描述。

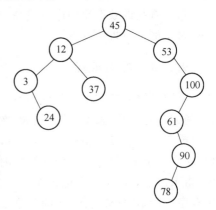

图 9-3 二叉排序树示例

算法 9.3(a)   二叉排序树查找

```
BiTreeSearchBST(BiTreeT,KeyType key)
{
    //在根指针 T 所指二叉排序树中递归地查找某关键字等于 key 的数据元素,
    //若查找成功,则退回指向该数据元素结点的指针;否则返回空指针
    if((! T)||EQ(key,T->data.key)) return(T);        //查找结束
        else if LT(key,T->data.key) return(SearchBST(T->lchild,Key));
                                                     // 在左子树中继续查找
        else return(SearchBST(T->rchild,Key));       //在右子树中继续查找
}
```

例如，在图 9-3 所示的二叉排序树中查找关键字等于 100 的记录（树中结点内的数均为记录的关键字）。首先以 key=100 和根结点的关键字作比较，因为 key>45，则查找以 45 为根的右子树，此时右子树不空，key>53 则继续查找以结点 53 为根的右子树，由于 key 和 53 的右子树根的关键字 100 相等，则查找成功，返回指向结点 100 的指针值。

1. 二叉排序树的插入和删除

二叉排序树是一种动态树表，其特点是，树的结构通常不是一次生成的，而是在查找过程中，当树中不存在关键字等于给定值的结点时再进行插入。新插入的结点一定是一个新添加的叶子结点，并且是查找不成功时查找路径上访问的最后一个结点的左孩子或右孩子结点。为此，需将上一个节的二叉排序树的查找算法改写成算法 9.3(b)，以便能在查找不成功时返回插入位置。插入算法如算法 9.4 所示。

算法 9.3(b) 二叉排序树查找

```
Status InsertBST(BiTreeT,KeyType key,BiTree f,BiTree &p){
//在根指针 T 所指二叉排序树中递归地查找其关键字等于 key 的数据元素,若查找成功,
//则指针 P 指向该数据元素结点,并返回 TRUE,否则指针 P 指向查找路径上访问的
//最后一个结点并返回 FALSE,指针 f 指向 T 的双亲,其初始调用值为 NULL
if(! T){p = f;return FALSE;}                          //查找不成功
else if EQ(key,T → data.key){p = T;return TRUE;}     //查找成功
else if LT(key,T → data.key)return SearchBST(T →lchild,key,T,p);
                                                     //在左子树中继续查找
else return SearchBST(T →rchild,key,T,p);            //在右子树中继续查找
  }//Search BST
```

算法 9.4 二叉排序树插入

```
StatusInsertBST(BiTree&T,ElemType e){
//当二叉排序树 T 中不存在关键字等于 e.key 的数据元素时,插入 e 并返回 TRUE,
//否则返回 FALSE
if(! SearchBST(T,e.key,Null,p){
        s = (BiTree)malloc(sizeof(BiTNode));
        s -> data = e;s -> lchild = s -> rchild = NULL;
        if(! p)T = s; //被插结点 * s 为新的根结点
        else if LT(e.key,p -> data.key)p -> lchild = s; //被插结点 * s 为左孩子
        else p -> rchild = s; //被插结点 * s 为右孩子
        return TRUE;
        }
else return FALSE;//树中已有关键字相同的结点,不再插入
}//Insert BST
```

若从空树出发,经过一系列的查找插入操作之后,可生成一棵二叉树。设查找的关键字序列为{45,24,53,45,12,24,90},则生成的二叉排序树如图 9-4 所示。

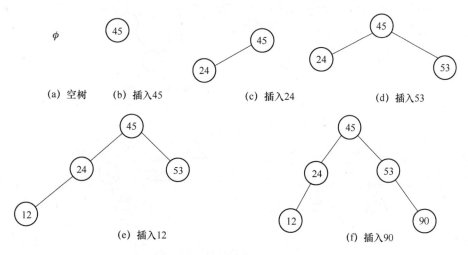

图 9-4 二叉排序树的构造过程

容易看出，中序遍历二叉排序树可得到一个关键字的有序序列（这个性质是由二叉排序树的定义决定的，读者可以自己证明之）。这就是说，一个无序序列可以通过构造一棵二叉排序树而变成一个有序序列，构造树的过程即为对无序序列进行排序的过程。不仅如此，从上面的插入过程还可以看到，每次插入的新结点都是二叉排序树上新的叶子结点，则在进行插入操作时，不必移动其他结点，仅需改动某个结点的指针，由空变为非空即可，这就相当于在一个有序序列上插入一个记录而不用移动其他记录。它表明，二叉排序树既拥有类似于二分查找的特性，又采用了链表作存储结构，因此是动态查找表的一种适宜表示。

同样，在二叉排序树上删去一个结点也很方便。对于一般的二叉树来说，删去树中一个结点是没有意义的。因为它将使以被删结点为根的子树成为森林，破坏了整棵树的结构。然而，对于二叉排序树，删去树上一个结点相当于删去有序序列中的一个记录，只要在删除某个结点之后依旧保持二叉排序树的特性即可。

那么，如何在二叉排序树上删去一个结点呢？假设在二叉排序树上被删结点为 $*p$（指向结点的指针为 p），其双亲结点为 $*f$（结点指针为 f），且不失一般性，可设 $*p$ 是 $*f$ 的左孩子（图 9-5(a) 所示）。

下面分三种情况进行讨论。

（1）若 $*p$ 结点为叶子结点，即 P_L 和 P_R 均为空树。由于删去叶子结点不破坏整棵树的结构，则只需修改其双亲结点的指针即可。

（2）若 $*p$ 结点只有左子树 P_L 或者只有右子树 P_R，此时只要令 P_L 或 P_R 直接成为其双亲结点 $*f$ 的左子树即可。显然，作此修改也不破坏二叉排序树的特性。

（3）若 $*p$ 结点的左子树和右子树均不空。显然，此时不能加上简单处理。从图 9-5(b) 可知，在删去 $*p$ 结点之前，中序遍历该二叉树得到的序列为 $\{\cdots C_L C \cdots Q_L Q S_L S P P_R F \cdots\}$，在删去 $*p$ 之后，为保持其他元素之间的相对位置不变，可以有两种做法：其一是令 $*p$ 的左子树为 $*f$ 的左子树，而 $*p$ 的右子树为 $*s$ 的右子树，如图 9-5(c) 所示；其二是令 $*p$ 的直接前驱（或直接后继）替代 $*p$，然后再从二叉排序树中删去它的直接前驱（或直接后继）。如图 9-5(d) 所示，当以直接前驱 $*s$ 替代 $*p$ 时，由于 $*s$ 只有左子树 S_L，则在删去 $*s$ 之后，只要令 S_L 为 $*s$ 的双亲 $*q$ 的右子树即可。

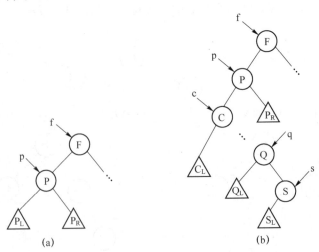

(a)

(b)

图 9-5　在二叉排序树中删除 $*q$

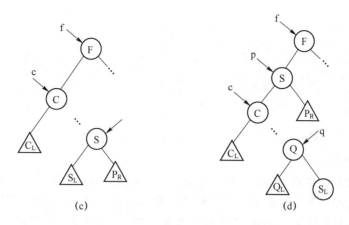

图 9-5 在二叉排序树中删除 * q(续)

在二叉排序树上删除一个结点的算法如算法 9.5 所示,其中由前述三种情况综合所得的删除操作如算法 9.6 所示。

算法 9.5 二叉排序树上删除一个结点

```
Status DeleteBST(BiTree &T,KeyType key)
{
    //若二叉排序树 T 中存在关键字等于 key 的数据元素时,则删除该数据元素结点
    //并返回 TRUE;否则返回 FALSE
    if(! T) return FALSE;    //不存在关键字等于 key 的数据元素
    else{
        if(EQ(key,T->data.key))  {return Delete (T)};   //找到关键字等于 key 的数据元素
        else if(LT(key,T->data.key)) return DeleteBSH(T->lchild,key);
        else return DeleteBST(T->rchild,key);
    }
}
```

其中删除操作过程如算法 9.6 所描述。

算法 9.6 二叉排序树中的删除过程

```
Status Delete(BiTree &P)
{
//从二叉排序树中删除结点 P,并重接它的左或右子树
    if(!p->rchild){                        //右子树空则只需重接它的左子树
        q = p;p = p->lchild; free(q);
    }
    else if(! p->lchild){                  //只需重接它的右子树
        q = p;p = p->rchild; free(q);
    }
    else {   //左右子树均不空
        q = p;s = p->lchild;
        while(s->rchild) {q = s;s = s->rchild }   //转左,然后向右到尽头
```

```
p -> data = s -> data;//s 指向被删除结点的"前驱"
if(q! = p) q-> rchild = s->lchild;//重接 *q 的右子树
else q-> lchild = s->lchild;//重接 *q 的左子树
delete s;
}
return TRUE;
}
```

2. 二叉排序树的查找分析

从前述的两个查找例子(key=100 和 key=40)可见,在二叉排序树上查找其关键字等于给定值的结点的过程恰是走了一条从根结点到该结点的路径的过程,和给定值比较的关键字个数等于路径长度加 1(或结点所在层次数),因此,和折半查找类似,与给定值比较的关键字个数不超过树的深度。然而,折半查找长度为 n 的表的判定树是唯一的,而含有 n 个结点的二叉排序树却不唯一。图 9-6 中(a)和(b)的两棵二叉排序树中结点的值都相同,但前者由关键字序列(45,24,53,12,37,93)构成,而后者由关键字序列(12,24,37,45,53,93)构成。图 9-6(a)树的深度为 3,而图 9-6(b)树的深度为 6。再从平均查找长度来看,假设 6 个记录的查找概率相等,为 1/6,则图 9-6(a)树的平均查找长度为

$$\text{ASL}(a) = \frac{1}{6}[1+2+2+3+3+3] = 14/6$$

而图 9-6(b)树的平均查找长度为

$$\text{ASL}(b) = \frac{1}{6}[1+2+3+4+5+6] = 21/6$$

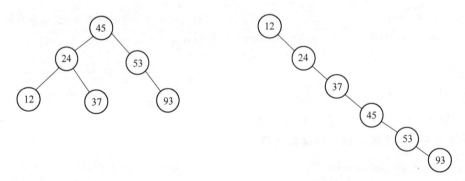

(a) 关键字序列为 (45, 24, 53, 12, 37, 93)
　　的二叉排序树

(b) 关键字序列为 (12, 24, 37, 45, 53, 93)
　　的二叉排序树

图 9-6　不同形态的二叉查找树

因此,含有 n 个结点的二叉排序树的平均查找长度和树的形态有关。当先后插入的关键字有序时,构成的二叉排序树蜕变为单支树。树的深度为 n,其平均查找长度为 $\frac{n+1}{2}$(和顺序查找相同),这是最差情况。显然最好情况是二叉排序树的形态和折半查找的判定树相同,其平均查找长度和 $\log_2 n$ 成正比。因此,在排序树的过程中进行"平衡化"处理是非常重要的,这个过程我们称为平衡二叉树。(注:上述对二叉排序树的查找性能的讨论是在等概率的前提下进行的。)

9.3.2 平衡二叉树

平衡二叉树(Balanced Binary Tree)又称 AVL 树。它或者是一棵空树,或者是具有下列性质的二叉树:它的左子树和右子树都是平衡二叉树,且左子树和右子树的深度之差的绝对值不超过 1。若将二叉树上结点的平衡因子(Balance Factor,BF)定义为该结点的左子树的深度减去它的右子树的深度,则平衡二叉树上所有结点的平衡因子只可能是 -1、0 和 1。如图 9-7(a)所示为两棵平衡二叉树,而图 9-7(b)所示为两棵不平衡的二叉树,结点中的值为该结点的平衡因子。

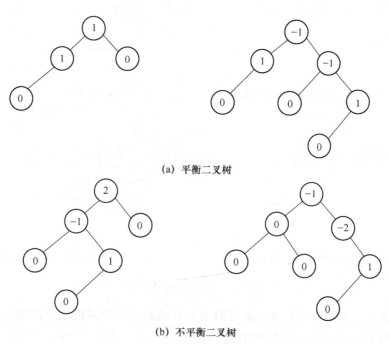

(a) 平衡二叉树

(b) 不平衡二叉树

图 9-7 平衡与不平衡的二叉树及结点的平衡因子

先看一个具体例子(参见图 9-8)。假设表中关键字序列为(13,24,37,90,53)。空树和 1 个结点⑬的树显然都是平衡的二叉树。在插入 24 之后仍是平衡的,只是根结点的平衡因子 BF 由 0 变为 -1;在继续插入 37 之后,由于结点⑬的 BF 值由 -1 变成 -2,由此出现了不平衡的现象。由此,可以对树作一个向左逆时针"旋转"的操作,令结点㉔为根,而结点⑬为它的左子树,此时,结点⑬和㉔的平衡因子都为 0,而且仍保持二叉排序树的特性。在继续插入⑨⓪和㊳之后,由于结点㊲的 BF 值由 -1 变成 -2,排序树中出现了新的不平衡的现象,需进行调整。但此时由于结点㊳插在结点⑨⓪的左子树上,因此不能如上作简单调整。对于以结点㊲为根的子树来说,既要保持二叉排序树的特性,又要平衡,则必须以㊳作为根结点,而使㊲成为它的左子树的根。⑨⓪成为它的右子树的根。这好比对树作了两次旋转操作——先向右顺时针,后向左逆时针(如图 9-8(f)~(h)所示),使二叉排序树由不平衡转化为平衡。

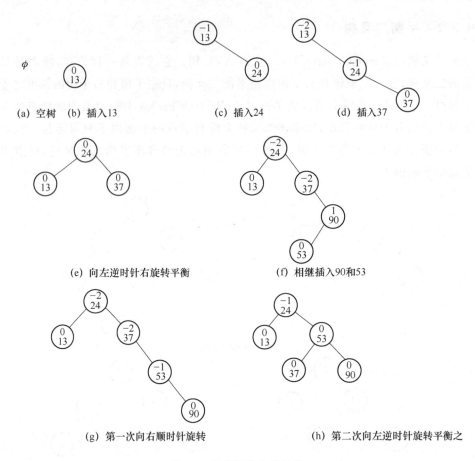

图 9-8　平衡树的生成过程

假设由于在二叉排序树上插入结点而失去平衡的最小子树根结点的指针为 a，则失去平衡后进行调整的规律可归纳为下列四种情况。

（1）单向右旋平衡处理：由于在 ∗a 的左子树根结点的左子树上插入结点，∗a 的平衡因子由 1 增至 2，致使以 ∗a 为根的子树失去平衡，则需进行一次向右的顺时针旋转操作。

（2）单向左旋平衡处理：由于在 ∗a 的右子树根结点的右子树上插入结点，∗a 的平衡因子由 −1 增至 −2，致使以 ∗a 为根结点的子树失去平衡，则需进行一次向左的逆时针旋转操作。

（3）双向旋转（先左后右）平衡处理：由于在 ∗a 的左子树根结点的右子树上插入结点，∗a 的平衡因子由 1 增至 2，致使以 ∗a 为根结点的子树失去平衡，则需进行两次旋转（先左旋转后右旋转）操作。

（4）双向旋转（先右后左）平衡处理：由于在 ∗a 的右子树根结点的左子树上插入结点，∗a 的平衡因子由 −1 变为 −2，致使以 ∗a 为根结点的子树失去平衡，则需进行两次旋转（先右旋后左旋）操作。

上述 4 种情况中，（1）和（2）对称，（3）和（4）对称。旋转操作的正确性容易由"保持二叉排序树的特性：中序遍历所得关键字序列自小至大有序"证明之。以上平衡算法如下：算法 9.9 为左平衡处理算法，算法 9.7 和算法 9.8 分别描述了在平衡处理中进行右旋转操作和左旋操作时修改指针的情况。右平衡处理的算法和左平衡算法类似，这里不再赘述。

算法 9.7　二叉排序树作右旋转

```
typedef struct BSTNode
{
    Elemtype   data;
    int  bf;                           //结点的平衡因子
    struct BSTNode * lchild, * rchild;      //左右孩子指针
}BSTNode, * BSTree;


Void R_Rotate(BSTree &p){
    //对以 * p 为根的二叉排序树作右旋转处理,处理之后 p 指向新的树根结点,即旋转
    //处理之前的左子树的根结点
    Lc = p-> lchild;                   //lc 指向的 * p 的左子树根结点
    P -> lchild = lc-> rchild;          //lc 的右子树挂接为 * p 的左子树
    lc-> rchild = p;p = lc;            //p 指向新的根结点
}//R_Rotete
```

算法 9.8　二叉排序树作左旋转

```
void L_Rotate(BSTree &p){
    //对以 * p 为根的二叉排序树作左旋转处理,处理之后 p 指向新的树根结点,即旋转
    //处理之前的右子树的根结点
    Rc = p-> rchild;                   //rc 指向的 * p 的右子树根结点
    p-> rchild = rc-> lchild;           // rc 的左子树挂接为 * p 的左子树
    rc-> lchild = p;p = rc;            // p 指向新的根结点
}//L_Rotate
```

算法 9.9　二叉排序树作左平衡旋转

```
void LeftBalance(BSTree &T){
    //对以指针 T 所指结点为根的二叉树作左平衡旋转处理,本算法结束时,指针 T
    //指向新的根结点
    Lc = T-> lchild;              // lc 指向 * T 的左子树根结点
    Switch(lc-> bf){              //检查 * T 的左子树的平衡度,并作相应平衡处理
        Case LH:                  //新结点插入在 * T 的左孩子的左子树上,要作单右旋转处理
            T -> bf = lc-> bf = EH;
            R_Rotate(T);break;
        Case RH:                  //新结点插入在 * T 的左孩子的右子树上,要作双旋转处理
            rd = lc-> rchild;     //rd 指向 * T 的左孩子的右子树根
                switch(rd-> bf){                //修改 * T 及其左孩子的平衡因子
                    case LH:T-> bf = RH; lc-> bf = EH; break;
                    case EH: T-> bf = lc-> bf = EH;break;
                    case RH: T-> bf = EH; lc-> bf = LH; break;
```

```
            }
            rd -> bf = EH;
            L_Rotate(T -> lchild);        //对 * T 的左子树作左旋转处理
            R_Rotate(T);                  //对 * T 作右旋转处理
    }//switch(lc -> bf)
}//LeftBalance
```

在平衡树上进行查找的过程和排序树相同,因此,在查找过程中和给定值进行比较的关键字个数不超过树的深度。在平衡树上进行查找的时间复杂度为 $O(\log_2 n)$。（注:上述对平衡二叉树的查找性能的讨论是在等概率的前提下进行的。）

9.4 散列表查找

9.4.1 散列表

散列是一种存储策略,散列表也叫哈希（Hash）表、杂凑表,是基于散列存储策略建立的查找表。基本思想是确定一个函数,求得每个关键码相应的函数值并以此作为存储地址,直接将该数据元素存入到相应的地址空间去,因此它的查找效率很高。

9.4.2 散列函数构造方法

1. 直接定址法

取关键字或关键字的某个线性函数值为哈希地址。即

$$H(\text{key}) = \text{key} \text{ 或 } H(\text{key}) = a \cdot \text{key} + b \qquad (9\text{-}6)$$

其中,a 和 b 为常数（这种哈希函数叫作自身函数）。

2. 数字分析法

假设关键字是以 r 为基的数（如以 10 为基的十进制数）,并且散列表中可能出现的关键字都是事先知道的,则可取关键字的若干数位组成哈希地址。

3. 平方取中法

取关键字平方后的中间几位作为哈希地址,较常见。

4. 折叠法

将关键字分割成位数相同的几部分（最后一部分的位数可以不同）,然后取这几部分的叠加和（舍去进位）作为哈希地址。如果关键字位数很多,而且关键字中每一位上数字分布大致均匀时,可以采用折叠法得到哈希地址。

5. 除留余数法

取关键字被某个不大于哈希表表长 m 的数 p 除后所得余数为哈希地址,即

$$H(\text{key}) = \text{key} \text{ MOD } p, p \leqslant m \qquad (9\text{-}7)$$

这是一种最简单,也是常用的构造哈希函数的方法。

6. 随机数法

选择一个随机函数,取关键字的随机函数值为它的哈希地址,即 $n(\text{key}) = \text{random}(\text{key})$,其

中 random 为随机函数。通常,当关键字长度不等时采用此法构造哈希函数较恰当。

9.4.3　处理冲突的方法

1. 开放定址法

$$H_i(H(\text{key})+d_i)\text{MOD } m \quad i=1,2,\cdots,k(k\leqslant m-1) \tag{9-8}$$

其中,$H(\text{key})$ 为哈希函数;m 为哈希表表长;d_i 为增量序列。可有下列 3 种取法:

(1) $d_i=1,2,3,\cdots,m-1$,称线性探测再散列;

(2) $d_i=1^2,-1^2,2^2,-2^2,3^2,-3^2,\cdots,\pm k^2(k\leqslant m/2)$,称二次探测再散列;

(3) d_i 为伪随机数序列,称伪随机探测再散列。

例如,在长度为 11 的哈希表中已填有关键字分别为 17,60,29 的记录(哈希函数 $H(\text{key})=\text{key MOD } m \text{ MOD } 11$),现有第四个记录,其关键字为 38,由哈希函数得到哈希地址为 5,产生冲突。若用线性探测再散列的方法处理时,得到下一个地址 6,仍冲突;再求下一个地址 7,仍冲突;直到啥希地址为 8 的位置为"空"时止,处理冲突的过程结束,记录填入哈希表中序号为 8 的位置。若用二次探测再散列,则应该填入序号为 4 的位置。

2. 再哈希法

$$H_i=\text{RH}_i(\text{key}) \; i=1,2,\cdots,k \tag{9-9}$$

RH_i 均是不同的哈希函数,即在同义词产生地址冲突时计算另一个哈希函数地址,直到冲突不再发生。这种方法不易产生"聚集",但增加了计算的时间。

3. 链地址法

将所有关键字为同义词的记录存储在同一线性链表中。假设某哈希函数产生的哈希地址在区间 $[0,m-1]$ 上,则设立一个指针型向量

$$\text{Chain ChainHash[m]};$$

其每个分量的初始状态都是空指针。哈希地址为 i 的记录都插入到头指针为 ChainHash[i] 的链表中。在链表中的插入位置可以在表头或表尾,也可以在中间,以保持同义词在同一线性链表中按关键字有序。

例 9-1　已知一组关键字为(19,14,23,01,68,20,84,27,55,11,10,79),则哈希函数 $H(\text{key})=\text{key MOD } 13$ 和链地址法处理冲突构造所得的哈希表如图 9-9 所示。

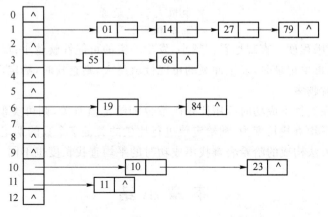

图 9-9　链地址法处理冲突时的哈希表

4．建立一个公共溢出区

这也是处理冲突的一种方法。假设哈希函数的值域为$[0,m-1]$，则设向量 Hash-Table$[0\cdots m-1]$为基本表，每个分量存放一个记录，另设立向量 OverTabje$[0\cdots v]$为溢出表。所有关键字和基本表中关键字为同义词的记录，不管它们由哈希函数得到的哈希地址是什么，一旦发生冲突，都填入溢出表。

9.4.4 散列表的查找和分析

在哈希表上进行查找的过程和哈希造表的过程基本一致。给定 K 值，根据造表时设定的哈希函数求得哈希地址，若表中此位置上没有记录，则查找不成功；否则比较关键字，若和给定值相等，则查找成功；否则根据造表时设定的处理冲突的方法找下一地址，直至哈希表中某个位置为"空"或者表中所填记录的关键字等于给定值时为止。

从哈希表的查找过程可见：

（1）虽然哈希表在关键字与记录的存储位置之间建立了直接映像，但由于"冲突"的产生，哈希表的查找过程仍然是一个给定值和关键字进行比较的过程。因此，仍需以平均查找长度作为衡量哈希表的查找效率的量度。

（2）查找过程中需和给定值进行比较的关键字的个数取决于下列三个因素：哈希函数、处理冲突的方法和哈希表的装填因子。

哈希函数的"好坏"首先影响出现冲突的频繁程度。但是，对于"均匀的"哈希函数可以假定：不同的哈希函数对同一组随机的关键字产生冲突的可能性相同，因为一般情况下设定的哈希函数是均匀的，则可不考虑它对平均查找长度的影响。

对同样一组关键字，设定相同的哈希函数，则不同的处理冲突的方法得到的哈希表不同。它们的平均查找长度也不同。

容易看出，线性探测再散列在处理冲突的过程中易产生记录的二次聚集，即使哈希地址不相同的记录又产生新的冲突；而链地址法处理冲突不会发生类似情况，因为哈希地址不同的记录在不同的链表中。

在一般情况下，处理冲突方法相同的哈希表，其平均查找长度依赖于哈希表的装填因子。

哈希表的装填因子定义为

$$\partial = \frac{\text{表中填入的记录数}}{\text{哈希表的长度}}$$

∂标志哈希表的装满程度。直观地看，∂越小，发生冲突的可能性就越小；反之，∂越大，表中已填入的记录越多，再填记录时，发生冲突的可能性就越大，则查找时，给定需与之进行比较的关键字的个数也就越多。

由于哈希表在查找不成功时所用比较次数也和给定值有关，则可类似地定义哈希表在查找不成功时的平均查找长度为：和给定值进行比较的关键字个数的期望值。同样可证明，不同的处理冲突方法构成的哈希表查找不成功时的平均查找长度也不同。

本 章 小 结

查找是数据处理中经常出现的一种操作，查找表是一种以集合为逻辑结构、以查找为核心运算的数据结构。根据不同的应用,可以将查找按顺序结构、链式结构、索引结构、散列结构进行存储。基于在查找表中的操作不同,查找表可分为静态查找和动态查找。

静态查找主要有两种,即顺序查找和二分查找。顺序查找时间复杂度为 $O(n)$,时间复杂度高。二分查找需要查找对象是有序的且采用顺序方式存储,每一次都找 1/2 的部分,查找次数大大减少了,时间复杂度是 $O(\log_2 n)$。

动态查找:二叉排序树和平衡二叉树,树表查找是将查找表组织成为特定形式的树结构,并按其规律进行的查找,也可以理解为这是一种树结构的应用。在二叉排序树的查找中,关键码比较的次数不会超过二叉树的深度,平均查找的时间复杂度为 $O(\log_2 n)$。

散列表是根据选定的散列函数和解决冲突的方法,把结点按关键码转换为地址进行存储的。对散列表的查找方法是:首先按所选的散列函数对关键码进行转换,得到一个散列地址,然后按该地址进行查找,若不存在,再根据构建散列表时所用的处理冲突的方法进一步查找。如果是静态查找,则查找成功时,给出查找结点的所需信息,否则给出失败信息;若是动态查找,则根据查找结果再进行插入或删除。

练 习 题

一、选择题

1. 静态查找表与动态查找表的根本区别在于(　　)。

A. 它们的逻辑结构不一样　　　　　　B. 其上的操作不一样

C. 所包含的数据元素类型不一样　　　D. 存储实现不一样

2. 在表长为 n 的顺序表上实施顺序查找,在查找不成功时与关键字比较的次数为(　　)。

A. n　　　　　　B. 1　　　　　　C. $n+1$　　　　　　D. $n-1$

3. 顺序查找适用于存储结构为(　　)的线性表。

A. 散列存储　　　　　　　　　　　　B. 压缩存储

C. 顺序存储或链接存储　　　　　　　D. 索引存储

4. 用顺序查找法对具有 n 个结点的线性表查找一个结点的时间复杂度为(　　)。

A. $O(\log_2 n^2)$　　B. $O(n \log_2 n)$　　C. $O(n)$　　D. $O(\log_2 n)$

5. 适用于折半查找的表的存储方式及元素排列要求为(　　)。

A. 链接方式存储,元素无序　　　　　B. 链接方式存储,元素有序

C. 顺序方式存储,元素无序　　　　　D. 顺序方式存储,元素有序

6. 一个长度为 12 的有序表,按折半查找法对该表进行查找,在表内各元素等概率情况下查找成功所需要的平均比较次数为(　　)。

A. 35/12　　　　B. 37/12　　　　C. 39/12　　　　D. 43/12

7. 在有序表{1,3,9,12,32,41,62,75,77,82,95,100}上进行折半查找关键字为 82 的数据元素需要比较(　　)次。

A. 1　　　　　　B. 2　　　　　　C. 4　　　　　　D. 5

8. 设散列表长为 14,散列函数为 $H(\text{key}) = \text{key} \% 11$。当前表中已有 4 个结点:addr(15)=4,addr(38)=5,addr(61)=6,addr(84)=7。如用二次探测再散列处理冲突,则关键字为 49 的结点的地址是(　　)。

A. 8　　　　　　B. 3　　　　　　C. 5　　　　　　D. 9

9. 假设有 k 个关键字互为同义词,若用线性探测法把这 k 个关键字存入散列表中,至少要进行(　　)探测。

A. $k-1$ 次　　　　B. k 次　　　　　　C. $k+1$ 次　　　　　D. $k(k+1)/2$ 次

10. 在散列函数 $H(k)=k\%m$ 中,一般来讲,m 应取(　　)。

A. 奇数　　　　　　B. 偶数　　　　　　C. 素数　　　　　　D. 充分大的数

11. 下列关于 m 阶 B 树的说法错误的是(　　)。

A. 根结点至多有 m 棵子树

B. 所有叶子都在同一层次上

C. 非叶结点至少有 $m/2$(m 为偶数)或 $m/2+1$(m 为奇数)棵子树

D. 根结点中的数据是有序的

12. m 阶 B 树是一颗(　　)。

A. m 叉排序树　　　　　　　　　　B. m 叉平衡排序树

C. $m-1$ 叉平衡排序树　　　　　　　D. $m+1$ 叉平衡排序树

二、简答题

1. 建立一棵具有 13 个结点的判定树,并求其成功和不成功的平均查找长度值各为多少。

2. 已知长度为 12 的表{Jan,Feb,Mar,Apr,May,June,July,Aug,Sep,Oct,Nov,Dec}

(1) 试按表中元素的次序依次插入一棵初始为空的二叉排序树,并求在等概率情况下查找成功的平均查找长度。

(2) 用表中元素构造一棵最佳二叉排序树,求在等概率的情况下查找成功的平均查找长度。

(3) 按表中元素顺序构造一棵 AVL 树,并求其在等概率情况下查找成功的平均查找长度。

3. 用关键字 1,2,3,4 的四个结点能构造出几种不同的二叉排序树? 其中最优查找树有几种? AVL 树有几种? 完全二叉树有几种? 试画出这些二叉排序树。

4. 设哈希函数 $H(k)=3k\%11$,散列地址空间为 0~10,对关键字序列(32,13,49,24,38,21,4,12)按下述两种解决冲突的方法构造哈希表:

(1) 线性探测再散列。

(2) 链地址法,并分别求出等概率下查找成功时和查找失败时的平均查找长度。

参 考 文 献

[1] 严蔚敏,吴伟民. 数据结构. 2 版. 北京：清华大学出版社,2004.

[2] 黄刘生,唐策善. 数据结构. 2 版. 北京：中国科学技术大学出版社,2002.

[3] 陈越. 数据结构. 北京：高等教育出版社,2012.

[4] 耿国华. 数据结构:C 语言描述. 西安：西安电子科技大学出版社,2008.

[5] 程杰. 大话数据结构. 北京：清华大学出版社,2011.

[6] 韦斯. 数据结构与算法分析 C 语言描述. 2 版. 北京：机械工业出版社,2010.

[7] Thomas H Cormen. Introduction to Algorithms. The MIT Press,1995.

[8] Williaw Ford. Data Structures with C++. Prentice Hall Inc. ,1996.

[9] Robert Kruse. Data Structures & Program Design in C. 2nd ed. Prentice Hall,1997.